青少年**信息素养教育**系列丛书

语言人文与编程

（Python版）

李雁翎　胡学钢 主　编

林　坤　翁　彧　黄真金 副主编

清华大学出版社
北京

内 容 简 介

本书介绍了如何应用 Python 结合语言人文学科进行编程思维的培养，还分别结合语言文字的语义识别、诗词文体的聚类分析、知识图谱的构建、词云分析等主题进行了人工智能相关知识的阐述及应用。全书分为 10 章。第 1 章介绍使用计算机绘图模块呈现课文描述的语言场景。第 2 章介绍使用计算机语义识别技术识别图像。第 3 章介绍通过计算机聚类算法对不同的诗歌类别进行聚类。第 4 章介绍通过文本存取和随机匹配算法编写诗词大赛的随机组卷程序。第 5 章介绍通过 Python 构建诗歌相关信息的知识图谱，帮助读者进行自学与记忆。第 6 章介绍通过 Python 进行音频播放器的程序设置，进而便于学习与不断训练标准的朗诵技巧。第 7 章介绍通过 Python 实现课文的中英文互译。第 8 章介绍通过 Python 实现作文素材的收集与整理。第 9 章介绍通过 Python 的 Qt 界面实现简易的文本剪辑器，实现文本的复制和粘贴功能、文件的读取和保存功能。第 10 章介绍通过词云工具分析四大名著文本的用词频度。

本书适合作为信息技术教师结合语言及人文课程对学生进行编程能力培养的教学用书，也适合作为对编程学习等相关领域感兴趣的读者的课外读物。

图书在版编目 (CIP) 数据

语言人文与编程 : Python 版 / 李雁翎，胡学钢主编 . —北京：清华大学出版社，2024.3
（青少年信息素养教育系列丛书）
ISBN 978-7-302-65745-3

Ⅰ . ①语⋯　Ⅱ . ①李⋯ ②胡⋯　Ⅲ . ①软件工具−程序设计−青少年读物
Ⅳ . ① TP311.561-49

中国国家版本馆 CIP 数据核字 (2024) 第 053028 号

责任编辑：张　民　薛　阳
封面设计：傅瑞学
版式设计：方加青
责任校对：王勤勤
责任印制：曹婉颖

出版发行：清华大学出版社
　　　　网　　　址：https://www.tup.com.cn，https://www.wqxuetang.com
　　　　地　　　址：北京清华大学学研大厦 A 座　　　　　邮　　编：100084
　　　　社 总 机：010-83470000　　　　　　　　　　　邮　　购：010-62786544
　　　　投稿与读者服务：010-62776969，c-service@tup.tsinghua.edu.cn
　　　　质 量 反 馈：010-62772015，zhiliang@tup.tsinghua.edu.cn
印 装 者：三河市铭诚印务有限公司
经　　销：全国新华书店
开　　本：185mm×260mm　　　　印　　张：10　　　　字　　数：99 千字
版　　次：2024 年 3 月第 1 版　　　印　　次：2024 年 3 月第 1 次印刷
定　　价：59.00 元

产品编号：096326-01

前言
PREFACE

　　计算机程序的应用非常广泛，从智能家居控制到语音自动识别，从信息知识检索到媒体新闻推送，从无人驾驶设备到物流智能配送等，都是使用计算机程序控制的。信息社会中各种新兴职业都需要从业者具备编程能力，青少年阶段的学习者对于新兴事物具有较强的接受能力和理解能力，学习编程有利于培养学习者的逻辑思维和计算思维，启迪青少年的创新精神，让他们更好地适应未来的科技社会，并具备更强的竞争力。本书将计算机编程与语文学科教学进行有机结合，围绕学科内容进行编程算法的设计，结合语言人文相关学科内容进行计算机编程应用，提升学生的信息素养和综合能力。

　　全书分为 10 章，主要内容包括通过计算机编程实现对语义的识别、场景的展现、不同文本类别的聚类、文本的随机抽取与组合、知识图谱的构建、音频播放的程序设置、课文的中英文互译、作文素材的收集与整理、实现文本的复制和粘贴功能、文件的读取和保存功能、对名著文本的用词频度进行分析等。本书注重内容体系的系统性，安排合理，结构清晰，既突出重点核心内容，又与语言人文内容相结合，有利于学习者结合学科内容进行知识的拓展及延伸，书中各章的最后均配有习题。书中编程算法的设计由简单到复杂，涉及的编程内容基础而全面，在培养计算机编程能力的同时持续激发学生的学习兴趣。本书可作为教师进行基础编程教学的参考用书，也可供学生自学。

本书由李雁翎、胡学钢担任主编，林坤、翁彧、黄真金担任副主编，全书由林坤统稿，李雁翎、胡学钢审稿。

编者

2023 年 10 月

目录
CONTENTS

第1章
绘制图像

　　同学们，大家知道用计算机中的绘图软件可以绘制图像，但你们知道绘图软件的工作原理是什么吗？其实，通过程序编制也可以实现绘图功能，还可以绘制出动画的效果，下面就来学习如何利用计算机编程绘制图像。

1.1 课文节选案例

　　老舍先生的《济南的冬天》是一篇充满诗情画意的散文，作者抓住济南冬天的特点，描绘出济南冬天的独特风景，给人留下了深刻的印象。例如，文中有一段景色描绘为："山坡上，有的地方雪厚点，有的地方草色还露着；这样，一道儿白，一道儿暗黄，给山们穿上一件带水纹的花衣。"景色如图 1-1 所示。同学们在学习这篇课文时，一定很想感受一下济南冬天的景色，看看文中所描述的景色吧？如果可以通过计算机编程来绘制场景，将有助于加深对课文的理解。下面用计算机编程来绘制该场景。

图 1-1　冬日雪景图

1.2 绘制课文中的雪景

1.2.1 编程前准备

在 Python 中可以使用 turtle 库来进行图形的绘制。turtle 库是 Python 中一个绘制图像的函数库，俗称海龟绘图，它提供了一些基本的绘图工具，可在标准的应用程序窗口中绘制各种图形。从屏幕上横轴为 x、纵轴为 y 的坐标系原点 (0,0) 位置开始，有一个像小海龟似的绘图图标，它可以根据相关函数指令和程序的控制，在这个平面坐标系中移动，从而在它爬行的路径上绘制图形，还可以通过程序控制，实现改变线段的方向、颜色、宽度等功能。下面先学习一下 turtle 库的相关操作。

1. 设置画布大小

（1）turtle.screensize(canvwidth=None, canvheight=None, bg=None)，参数分别为画布的宽 (单位：px)、高、背景颜色。

例如：

```
turtle.screensize(800,600, "blue")
turtle.screensize()  # 返回默认大小 (400, 300)
```

（2）turtle.setup(width=0.5, height=0.75, startx=None,

语言人文与编程 (Python 版)

starty=None)，参数如下。(width, height): 输入的宽和高为整数时，表示像素；为小数时，表示占据计算机屏幕的比例。(startx, starty): 这一坐标表示矩形窗口左上角顶点的位置，如果为空，则窗口位于屏幕中心。

例如：

```
turtle.setup(width=0.6,height=0.6)
turtle.setup(width=800,height=800, startx=100,starty=100)
```

2. 画笔

1）画笔的状态

在画布上，默认有一个坐标原点为画布中心的坐标轴，坐标原点上有一个面朝 x 轴正方向的小三角形。描述小三角形时使用了两个词语：坐标原点（位置）、面朝 x 轴正方向（方向）。turtle 绘图中，就是使用位置方向描述小三角形（画笔）的状态。

2）画笔的属性

（1）turtle.pensize()：设置画笔的宽度。

（2）turtle.pencolor()：没有参数传入时，返回当前画笔颜色；传入参数时，设置画笔颜色，可以是字符串如 "green" "red"，也可以是 RGB 三元组。

（3）turtle.speed(speed)：设置画笔移动速度，范围为 [0,10] 中的整数，数字越大速度越快。

3）绘图命令

运用 turtle 绘图有许多命令，这些命令可以划分为三种：

画笔运动命令、画笔控制命令、全局控制命令。

（1）画笔运动命令。

turtle.forward(distance)	# 向当前画笔方向移动 distance
	# 像素长度
turtle.backward(distance)	# 向当前画笔相反方向移动
	#distance 像素长度
turtle.right(degree)	# 顺时针移动 degree
turtle.left(degree)	# 逆时针移动 degree
turtle.pendown()	# 移动时绘制图形，省略时也为绘制
turtle.goto(x,y)	# 将画笔移动到坐标为 (x,y) 的位置
turtle.penup()	# 提起笔移动，不绘制图形，用于另
	# 起一个地方绘制
turtle.circle()	# 画圆，半径为正（负），表示圆心在
	# 画笔的左边（右边）画圆
setx()	# 将当前 x 轴移动到指定位置
sety()	# 将当前 y 轴移动到指定位置
setheading(angle)	# 设置当前朝向为 angle 角度
home()	# 设置当前画笔位置为原点，朝向东
dot(r)	# 绘制一个指定直径的圆点

（2）画笔控制命令。

turtle.fillcolor(colorstring)	# 绘制图形的填充颜色
turtle.color(color1, color2)	# 同时设置 pencolor=color1,

```
                                    # fillcolor=color2
turtle.filling()                    # 返回当前是否在填充状态
turtle.begin_fill()                 # 准备开始填充图形
turtle.end_fill()                   # 填充完成
turtle.hideturtle()                 # 隐藏画笔的 turtle 形状
turtle.showturtle()                 # 显示画笔的 turtle 形状
```

（3）全局控制命令。

```
turtle.clear()      # 清空 turtle 窗口，但是 turtle 的位置和状态
                    # 不会改变
turtle.reset()      # 清空窗口，重置 turtle 状态为起始状态
turtle.undo()       # 撤销上一个 turtle 动作
turtle.isvisible()   # 返回当前 turtle 是否可见
stamp()                 # 复制当前图形
  turtle.write(s [,font=("font-name",font_size,"font_
type")])    # 写文本，s 为文本内容，font 是字体的参数，分别为字体名称、
                    # 大小和类型；font 为可选项，font 参数也是可选项
```

（4）其他命令。

```
turtle.mainloop() 或 turtle.done()    # 启动事件循环——调用
#Tkinter 的 mainloop() 函数。必须是图形程序中的最后一个语句
turtle.mode(mode=None)   # 设置模式（"standard" "logo" 或
                         #"world"）并执行重置。如果没有给出
```

```
                    # 模式，则返回当前模式
turtle.delay(delay=None)  # 设置或返回以 ms 为单位的绘图延迟
turtle.begin_poly()    # 开始记录多边形的顶点。当前的位置是多边
                    # 形的第一个顶点
turtle.end_poly()   # 停止记录多边形的顶点。当前的位置是多边形
                    # 的最后一个顶点。将与第一个顶点相连
turtle.get_poly()   # 返回最后记录的多边形
```

3. 命令详解

```
turtle.circle(radius, extent=None, steps=None)
```

描述：以给定半径画圆。

参数：

radius(半径)：半径为正 (负)，表示圆心在画笔的左边 (右边) 画圆。

extent：弧度，可选。

steps：作半径为 radius 的圆的内切正多边形，多边形边数为 steps；可选。

举例：

```
circle(50)          # 整圆
circle(50,steps=3)  # 三角形
circle(120, 180)    # 半圆
```

此外，除了使用 turtle 模块外，在学习图形编程时，也可以使用图形库 graphics.py 来编写程序，完成简单的图形编程。可以在自己的 Python 安装目录中查找是否已有 graphics.py，如果没有这个文件，可以通过网络搜索及下载 graphic.py，将下载好的 graphics.py 文件复制到 Python\Lib 这个路径下，如图 1-2 所示。

	名称	修改日期	类型	大小
	getpass	2020/12/7 18:12	Python File	7 KB
	gettext	2020/12/7 18:12	Python File	28 KB
	glob	2020/12/7 18:12	Python File	6 KB
☑	graphics	2021/11/12 17:46	Python File	32 KB
	graphlib	2020/12/7 18:12	Python File	10 KB

图 1-2　将 graphics 复制到 Python 的对应路径中

1.2.2　算法设计

用 Python 的 turtle 模块可以绘制很多精美的图形。turtle 库是 Python 语言中一个很流行的绘制图像的函数库，绘图时有一个小三角，在一个横轴为 x、纵轴为 y 的坐标系原点，从 (0,0) 位置开始，它根据一组函数指令的控制，在这个平面坐标系中移动，从而在它移动的路径上绘制图形。

为了与前文中的雪景相对应，先设计一段绘制"小山"的程序，勾勒出小山的轮廓；然后定义随机变量，绘制不同大小的雪花；然后运用循环语句绘制雪花飘落的效果，天空中仿佛飘落不同大小的雪花；最后绘制一些地平面的效果，营造冬天的意境。

1.3 编写程序及运行

turtle 库是 Python 语言中一个绘制图像的函数库。在使用之前首先导入 turtle 库，通过 turtle 库中的 pen() 方法，可以进行简单的绘制；使用 pendown() 方法表示落笔，可以开始绘制图形；使用 penup() 方法表示提笔；还可以用 forword() 方法使画笔前进形成一条直线；用 pensize() 方法定义笔头大小；用 pencolor() 方法定义笔刷颜色；用 hideturtle() 方法隐藏画笔标志；最后显示画布并运行画笔程序使用 turtle.done() 方法。

1.3.1 程序代码

```
import turtle as t
import random as r
# 画小山
def drawmountain():
    t.ht()    # 隐藏画笔，ht=hideturtle
    t.penup()    # 提笔
    t.fd(-400)    # fd=forward，向当前画笔方向移动 -400px 长度
    t.pendown()    # 落笔
    t.pensize(2)    # 定义笔头大小
```

```
t.pencolor("white")#定义笔刷颜色为白色

t.seth(-25)    #设置当前朝向为-25°

for i in range(10): #应用循环语句,画9个小山头

    t.circle(40,80) #以给定的半径画小圆弧

    t.circle(-40,80)#以给定的半径画小圆弧

    t.fd(40)



#定义画雪

def drawsnow():

    t.ht()   #隐藏笔头,ht=hideturtle

    t.pensize(2)    #定义笔头大小

    for i in range(80):   #画79朵雪花

        t.pencolor("white")    #定义画笔颜色为白色

        t.pu()   #提笔,pu=penup

        t.setx(r.randint(-350, 350)) #定义x坐标,随机

        #从-350到350选择

        t.sety(r.randint(1, 350))   #定义y坐标,注意

        #雪花一般在地上不会落下,所以定义是从1开始的

        t.pd()   #落笔,pd=pendown

        dens = 6   #雪花瓣数设为6

        snowsize = r.randint(2, 12)   #定义雪花大小

        for j in range(dens):   #画5次,也就是一个雪花五角星

            #t.forward(int(snowsize))   #int()表示取整数

            t.fd(int(snowsize))
```

```
            t.backward(int(snowsize))

            t.bd(int(snowsize))    # 注意没有 bd=backward,

            # 但有 fd=forward

            t.right(int(360 / dens))    # 转动角度


# 画地面线

def drawgroud():

    t.ht()           # 隐藏画笔, ht=hideturtle

    t.seth(10)    # 设置当前朝向为 10°

    for i in range(r.randint(10, 15)):  # 随机画几条地面线,

                                         # 但在 10~15

        # for i in range(20): # 每次操作只画 20 条地面线

        x = r.randint(-400, 350)

        y = r.randint(-280, -1)

         t.pencolor("white")

        t.pu()             # 提笔, pu=penup

        t.goto(x, y)   # 去这个坐标

        t.pd()             # 落笔, pd=pendown

        t.fd(r.randint(40, 100))   #fd=forward,向前画大小,

                                    # 随机从 40~100 选


t.setup(800, 600, 200, 200)   # 窗口大小和位置

t.tracer(True)                 # 雪花和背景绘制的过程

t.bgcolor("lightblue")         #lightblue= 天蓝色

t.speed(0.3)                   # 画笔的速度
```

```
drawmountain()  # 执行画小山
drawsnow()      # 执行画雪
drawgroud()     # 执行画地面线
t.done()        # 完成
```

1.3.2　运行程序

（1）通过单击计算机 Windows 界面上的"开始"按钮，找到计算机中安装好的 Python 程序，单击 IDLE(Python) 启动编程窗口，如图 1-3 所示。

图 1-3　启动 Python 程序的编程窗口

（2）在 Python 的编程窗口中输入 1.3.1 节中的程序代码，认真检查并核对。

（3）单击菜单上的 Run → Run Module 命令，或直接按 F5 快捷键，在弹出的"保存文件"对话框中，完成保存文件操作后，调试运行该程序，如图 1-4 所示。

图 1-4　调试运行程序

（4）得到绘制的雪景效果图，如图 1-5 所示。

图 1-5　雪景效果图

1.4　拓展训练

　　在语文课本中，有很多描写景物的优美段落。例如，在一篇课文中有一段是这么写的："山坡上卧着些小村庄，小村庄的房顶上卧着点雪，对，这是张小水墨画，也许是唐代的名手画的吧。"（选自老舍先生的散文《济南的冬天》）请同学们认真品味文中的意境，在 1.3.1 节程序代码的基础上，试着绘制几座小房子组成的小村庄。

第2章
图像识别

  为了提高书稿检索、使用效率，提高语文课上的信息存储效率，延长信息的存储时间，可以把汉字书稿转换为文本文件，改变传统资料收集的方法，将资料存储在电子设备中。但是有一些文字资料是以图片形式呈现的，此类型的资料将如何快速识别并存储其中的文字信息呢？下面一起来学习一下。

2.1　古诗《将进酒》图片资料案例

　　在课文的学习中，可以通过计算机程序对资料图片中的文字进行识别，实现图片文字的数字化处理。下面以古诗词《将进酒》为例（如图2-1所示），一起来学习文字识别的基本编程方法。

将进酒

君不见，黄河之水天上来，奔流到海不复回。
君不见，高堂明镜悲白发，朝如青丝暮成雪。
人生得意须尽欢，莫使金樽空对月。
天生我材必有用，千金散尽还复来。
烹羊宰牛且为乐，会须一饮三百杯。
岑夫子，丹丘生，将进酒，杯莫停。
与君歌一曲，请君为我倾耳听。
钟鼓馔玉不足贵，但愿长醉不复醒。
古来圣贤皆寂寞，惟有饮者留其名。
陈王昔时宴平乐，斗酒十千恣欢谑。
主人何为言少钱，径须沽取对君酌。
五花马，千金裘，呼儿将出换美酒，与尔同销万古愁。

图 2-1　古诗《将进酒》

2.2 编程实现图片识别

2.2.1 编程前准备

1. 相关知识准备

在 Python 中可以使用 paddleocr 模块来进行文字的识别。在使用之前，先学习一下 paddleocr 模块的相关知识。

PaddleOCR 是由百度公司开源的超轻量 OCR（Optical Character Recognition）系统，主要由 DB 文本检测、检测框矫正和 CRNN 文本识别三部分组成。通过 PaddleOCR 能够实现文本的检测与识别。PaddleOCR 分为文本检测、文本识别和方向分类器三部分，本部分将介绍 PaddleOCR 如何快速开始。

① 安装 PaddlePaddle。

- 若所使用的机器安装的是 CUDA9 或者 CUDA10，请运行以下命令安装。

```
python3 -m pip install paddlepaddle-gpu -i https://
mirror.baidu.com/pypi/simple
```

- 若所使用的机器是 CPU，请运行以下命令安装。

```
python3 -m pip install paddlepaddle-gpu -i
```

② 安装 PaddleOCR whl 包。

```
pip install "paddleocr>=2.0.1" # 推荐使用 2.0.1+ 版
```

2. 便捷使用

（1）命令行使用。

PaddleOCR 提供了一系列测试图片，可在链接内下载，然后在终端中切换到相应目录 cd /path/to/ppocr_img（部分内容可在链接内对应部分下载 https://github.com/PaddlePaddle/PaddleOCR/blob/release/2.5/doc/doc_ch/quickstart.md）。

如果不使用提供的测试图片，可以将下方 image_dir 参数替换为相应的测试图片路径。

① 中英文模型。

例如图 2-2 所示的识别案例图片。

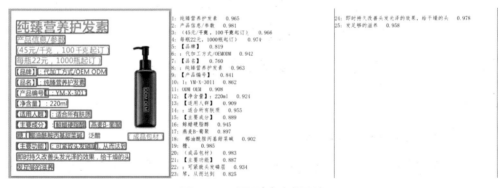

图 2-2　识别案例图片

```
paddleocr --image_dir ./imgs/11.jpg --use_angle_cls
true --use_gpu false
```

--use_angle_cls true 设置使用方向分类器识别 180° 旋转文字，--use_gpu false 设置不使用 GPU；

结果是一个 list，每个 item 包含文本框、文字和识别置信度。

```
[[[28.0, 37.0], [302.0, 39.0], [302.0, 72.0], [27.0, 70.0]],
('纯臻营养护发素', 0.9658738374710083)]…
```

- 单独使用检测：设置 --rec 为 false。

```
paddleocr --image_dir ./imgs/11.jpg --rec false
```

结果是一个 list，每个 item 只包含文本框。

```
[[27.0, 459.0], [136.0, 459.0], [136.0, 479.0], [27.0, 479.0]]
[[28.0, 429.0], [372.0, 429.0], [372.0, 445.0], [28.0, 445.0]]
…
```

- 单独使用识别：设置 --det 为 false。

```
paddleocr --image_dir ./imgs_words/ch/word_1.jpg --det
false
```

结果是一个 list，每个 item 只包含识别结果和识别置信度。

如需使用 2.0 模型，请指定参数 --ocr_version PP-OCR，paddleocr 默认使用 PP-OCRv3 模型 (--ocr_version PP-OCRv3)。

② 多语言模型。

PaddleOCR 目前支持 80 个语种，可以通过修改 --lang 参数进行切换，对于英文模型，指定 --lang=en。

```
paddleocr --image_dir ./imgs_en/254.jpg --lang=en
```

结果是一个 list，每个 item 包含文本框、文字和识别置信度。

```
[[[67.0, 51.0], [327.0, 46.0], [327.0, 74.0], [68.0,
80.0]], ('PHOCAPITAL', 0.9944712519645691)]
[[[72.0, 92.0], [453.0, 84.0], [454.0, 114.0], [73.0,
122.0]], ('107 State Street', 0.9744491577148438)]
[[[69.0, 135.0], [501.0, 125.0], [501.0, 156.0], [70.0,
165.0]], ('Montpelier Vermont', 0.9357033967971802)]

...
```

常用的多语言缩写如表 2-1 所示。

表 2-1　常用的多语言缩写对照表

语种	缩写
中文	ch
英文	en
繁体中文	chinese_cht
法文	fr
德文	german
意大利文	it
日文	japan
韩文	korean
俄罗斯文	ru

（2）Python 脚本使用。

通过 Python 脚本使用 PaddleOCR whl 包，whl 包会自动下载 ppocr 轻量级模型作为默认模型。

例如识别本书第 18 页所示案例图 2-2。

● 检测 + 方向分类器 + 识别全流程：

```
from paddleocr import PaddleOCR
from tools.infer.utility import draw_ocr
 # Paddleocr 目前支持中文、英文、法语、德语、韩语、日语，可以通
 # 过修改 lang 参数进行切换，参数依次为 'ch', 'en', 'french`,
 #'german', 'korean', 'japan';
 ocr = PaddleOCR(use_angle_cls=True, use_gpu=False,
        lang="ch")
# 只需要运行一次就可以下载模型并将其加载到内存中
img_path = './doc/imgs/11.jpg'
result = ocr.ocr(img_path, cls=True)
for line in result:
    print(line)
# 显示结果
from PIL import Image
image = Image.open(img_path).convert('RGB')
boxes = [line[0] for line in result]
txts = [line[1][0] for line in result]
scores = [line[1][1] for line in result]
im_show = draw_ocr(image, boxes, txts, scores,
        font_path='/path/to/PaddleOCR/doc/simfang.ttf')
im_show = Image.fromarray(im_show)
im_show.save('./results/det_cls_rec_result.jpg')
```

输出结果是一个 list，每个 item 包含文本框、文字和识别置信度。

```
[[[28.0, 37.0], [302.0, 39.0], [302.0, 72.0], [27.0,
70.0]], ('纯臻营养护发素', 0.9658738374710083)]
...
```

3. 具体操作

（1）说明。

① PaddleOCR 是基于深度学习的 OCR 识别库，中文识别精度还不错，能够应对大多数文字提取需求。

② 需要依次安装三个依赖库，分别是 paddlepaddle、shapely 和 paddleocr。其中，shapely 库可能会受到系统的影响，出现安装错误。

（2）安装命令。

同时按 Windows 键和 R 键，运行命令，在出现的命令框中，依次分别输入以下命令后，单击"确定"按钮，如图 2-3 ～图 2-5 所示。

```
pip install paddlepaddle

pip install shapely

pip install paddleocr

pip install paddlepaddle
```

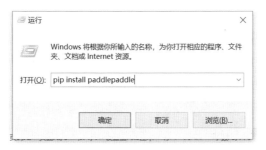

图 2-3 命令 "pip install paddlepaddle"

图 2-4 命令 "pip install shapely"

图 2-5 命令 "pip install paddleocr"

4. 代码实现

```
ocr = PaddleOCR(use_angle_cls=True,)
# 输入待识别图片路径（以下路径及图片文件名可结合学习者自己计算机的
# 实际路径进行修改）
img_path = "d:\Desktop\4A34A16F-6B12-4ffc-88C6-
FC86E4DF6912.png"
```

```
# 输出结果保存路径
result = ocr.ocr(img_path, cls=True)
    for line in result:
        print(line)


from PIL import Image
image = Image.open(img_path).convert('RGB')
boxes = [line[0] for line in result]
txts = [line[1][0] for line in result]
scores = [line[1][1] for line in result]
im_show = draw_ocr(image, boxes, txts, scores)
im_show = Image.fromarray(im_show)
im_show.show()
```

2.2.2 算法设计

用 Python 的 paddleocr 模块可以实现对文字的识别和提取。PaddleOCR 是一个文字识别模型套件，通过整合 3 阶段模型：文本框检测—角度分类—文字识别，实现识别图片文字。先将带有《将进酒》诗词的图片文件准备好，并命名为"jjj.jpg"，再利用 Python 的 paddleocr 模块对文字进行识别，提取《将进酒》的文字。

2.3 编写程序及运行

编写程序时需要注意：

（1）PaddleOCR 是基于深度学习的 OCR 识别库，中文识别精度能够应对大多数文字提取需求。

（2）需要依次安装三个依赖库，分别是 paddlepaddle、shapely 和 paddleocr。其中，shapely 库可能会受到系统的影响，出现安装错误。

2.3.1 程序代码

```
from paddleocr import PaddleOCR, draw_ocr

import time

from matplotlib import pyplot as plt

## 显示原图，读取名称为 jjj.jpg 的测试图像

import cv2

start = time.perf_counter()

img_path = 'jjj.jpg'

img = cv2.imread(img_path)

plt.figure("test_img", figsize=(10,10))

plt.imshow(img)
```

```
plt.show()

# 模型路径下必须含有 model 和 params 文件

ocr = PaddleOCR(use_angle_cls=True,use_gpu=False)

#use_angle_cls true 设置使用方向分类器识别180°旋转文字,

#use_gpu false 设置不使用GPU

result = ocr.ocr(img_path, cls=True)

end = time.perf_counter()

print(' 检测文字区域  用时 {}'.format(end-start))

for line in result:

    print(line[-1][0])
```

2.3.2　运行程序

通过单击计算机 Windows 界面上的"开始"按钮，找到计算机中安装好的 Python 程序，单击 IDLE(Python) 启动编程窗口，如图 2-6 和图 2-7 所示。

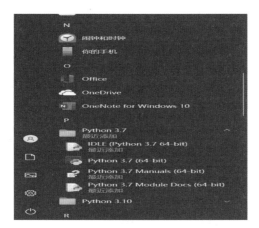

图 2-6　启动 Python 程序的编程窗口

```
Python 3.7.0 Shell                                    —    □    ×
File  Edit  Shell  Debug  Options  Window  Help
Python 3.7.0 (v3.7.0:1bf9cc5093, Jun 27 2018, 04:59:51) [MSC v.1914 64 bit (AMD6
4)] on win32
Type "copyright", "credits" or "license()" for more information.
>>> |
```

图 2-7　在编程窗口中输入相应代码

在 Python 的编程窗口中输入相应代码，并选择菜单上的
Run → Run Module 命令，调试运行该程序，如图 2-8 所示，得
到结果如图 2-9 所示。

```
1   from paddleocr import PaddleOCR, draw_ocr
2   import time
3   from matplotlib import pyplot as plt
4   ##显示原图，读取名称为10.jpg的测试图像
5   import cv2
6   start = time.perf_counter()
7   img_path = 'qjj.jpg'
8   img = cv2.imread(img_path)
9   plt.figure("test_img", figsize=(10,10))
10  plt.imshow(img)
11  plt.show()
12
13  #模型路径下必须含有model和params文件
14  ocr = PaddleOCR(use_angle_cls=True, use_gpu=False)
15  #use_angle_cls true设置使用方向分类器识别180° 旋转文字，use_gpu false设置不使用GPU
16  result = ocr.ocr(img_path, cls=True)
17  end = time.perf_counter()
18  print('检测文字区域 用时{}'.format(end-start))
19  for line in result:
20      print(line[-1][0])
21
```

图 2-8　编码

```
Namespace(benchmark=False, cls_batch_num=6, cls_image_shape='3, 48, 192', cls_model_dir='/home/admin/.paddleocr/2.4/ocr/cls/ch_ppocr_mobile_
v2.0_cls_infer', cls_thresh=0.9, cpu_threads=10, crop_res_save_dir='./output', det=True, det_algorithm='DB', det_db_box_thresh=0.6, det_db_s
core_mode='fast', det_db_thresh=0.3, det_db_unclip_ratio=1.5, det_east_cover_thresh=0.1, det_east_nms_thresh=0.2, det_east_score_thresh=0.8,
det_limit_side_len=960, det_limit_type='max', det_model_dir='/home/admin/.paddleocr/2.4/ocr/det/ch/ch_PP-OCRv2_det_infer', det_pse_box_thres
h=0.85, det_pse_box_type='box', det_pse_min_area=16, det_pse_scale=1, det_pse_thresh=0, det_sast_nms_thresh=0.2, det_sast_polygon=False, det
_sast_score_thresh=0.5, draw_img_save_dir='./inference_results', drop_score=0.5, e2e_algorithm='PGNet', e2e_char_dict_path='./ppocr/utils/ic
15_dict.txt', e2e_limit_side_len=768, e2e_limit_type='max', e2e_model_dir=None, e2e_pgnet_mode='fast', e2e_pgnet_score_thresh=0.5, e2e_pgnet
_valid_set='totaltext', enable_mkldnn=False, gpu_mem=500, help='==SUPPRESS==', image_dir=None, ir_optim=True, label_list=['0', '180'], label
_map_path='./vqa/labels/labels_ser.txt', lang='ch', layout_path_model='lp://PubLayNet/ppyolov2_r50vd_dcn_365e_publaynet/config', max_batch_s
ize=10, max_seq_length=512, max_text_length=25, min_subgraph_size=15, mode='structure', model_name_or_path=None, ocr_version='PP-OCRv2', out
put='./output', precision='fp32', process_id=0, rec=True, rec_algorithm='CRNN', rec_batch_num=6, rec_char_dict_path='/home/admin/.conda/env
s/commonEnv/lib/python3.7/site-packages/paddleocr/ppocr/utils/ppocr_keys_v1.txt', rec_image_shape='3, 32, 320', rec_model_dir='/home/admin/.
paddleocr/2.4/ocr/rec/ch/ch_PP-OCRv2_rec_infer', save_crop_res=False, save_log_path='./log_output/', show_log=True, structure_version='STRUC
TURE', table_char_dict_path=None, table_char_type='en', table_max_len=488, table_model_dir=None, total_process_num=1, type='ocr', use_angle_
cls=True, use_dilation=False, use_gpu=False, use_mp=False, use_onnx=False, use_pdserving=False, use_space_char=True, use_tensorrt=False, vis
_font_path='./doc/fonts/simfang.ttf', warmup=False)
[2022/01/25 09:21:36] root DEBUG: dt_boxes num : 13, elapse : 0.5555944442749023
[2022/01/25 09:21:36] root DEBUG: cls num : 13, elapse : 0.3899402618408203
[2022/01/25 09:21:38] root DEBUG: rec_res num : 13, elapse : 2.2222468852996826
检测文字区域 用时4.017121843993664
```

```
检测文字区域 用时4.017121843993664
将进酒
君不见，黄河之水天上来，奔流到海不复回
君不见，高堂明镜悲白发，朝如青丝暮成雪
人生得意须尽欢，莫使金樽空对月。
天生我材必有用，千金散尽还复来。
烹羊宰牛且为乐，会须一饮三百杯。
岑夫子，丹丘生，将进酒，杯莫停。
与君歌一曲，请君为我倾耳听。
钟鼓馔玉不足贵，但愿长醉不复醒。
古来圣贤皆寂寞，惟有饮者留其名。
陈王昔时宴平乐，斗酒十千恣欢谑。
主人何为言少钱，径须沽取对君酌。
五花马，千金裘，呼儿将出换美酒，与尔同销万古愁。
```

图 2-9 编码运行结果

2.4 拓展训练

请在本章基础上对古诗《春望》的图片进行文字识别，如图 2-10 所示。

春望

杜甫

国破山河在，城春草木深。
感时花溅泪，恨别鸟惊心。
烽火连三月，家书抵万金。
白头搔更短，浑欲不胜簪。

图 2-10 古诗《春望》

第3章
分类聚类

    同学们，大家应该学习了不少的唐诗、宋词，已经熟练掌握了唐诗、宋词的特征、形式和风格等，在看到一首诗词时能快速地区分其是唐诗还是宋词。但是通过计算机编程是如何判断或区别唐诗和宋词的呢？对了，我们可以运用聚类的方法。

    同学们想知道计算机编程是如何利用语义特征对唐诗宋词进行聚类的吗？接下来就来学习一下吧。

3.1 案例：同类课程标注和聚集

3.1.1 编程前准备

1. 导入数据集的知识准备

对文本进行分类聚类前，需要先建立进行编程需要的文本数据库，然后导入已有的、建立好的文本数据库，为后续的分类聚类程序编写提供来源数据库。在 Python 中，通常用到的是 CSV 格式的文件。CSV（Comma Separated Values，逗号分隔值，也称为字符分隔值，因为分隔符可以不是逗号）是一种常用的文本格式，用于存储表格数据，包括数字或者字符。

1）文本数据库的建立

将所需的数据进行整理或收集，并以 CSV 格式文件进行命名，建立好数据库，为系统中对数据的提取做准备。

2）导入 CSV 文件

在 Excel 中导入 CSV 格式的文件，双击打开。在 Python 中导入 CSV 文件的方法是 read_csv()。

（1）直接导入。

在导入文件的时候首先要指定文件的路径，也就是这个文件在计算机中的哪个文件夹下存放。

（2）指明分隔符号。

在 Excel 和 DataFrame 中的数据都是很规整地排列的，这都是工具在后台根据某条规则进行切分的。read_csv() 默认文件中的数据都是以逗号分开的，但是有的文件不是用逗号分开的，这个时候就需要人为指定分隔符号，否则就会报错。用分隔符号对数据进行规整，将整体数据进行分开，常见的分隔符号除了逗号、空格以外，还有制表符 (\t)。

（3）指明读取行数。

假设现在有一个几百兆字节的文件，你想了解一下这个文件里有哪些数据，那么这个时候就没必要把全部数据都导入，只要看到前面几行即可，因此只要设置 nrows 参数即可。

（4）指定编码格式。

Python 用得比较多的两种编码格式是 UTF-8 和 GBK，默认编码格式是 UTF-8。我们要根据导入文件本身的编码格式进行设置，通过设置参数 Encoding 来设置导入的编码格式。有的时候两个文件看起来一样，它们的文件名一样、格式一样，但是如果它们的编码格式不一样，也是不一样的文件。例如，当你把一个 Excel 文件另存时会出现两个选项，虽然都是 CSV 文件，但是这两种格式代表两种不同的文件。

如果是 CSV UTF-8（逗号分隔）(*.csv) 格式的文件，那么导入的时候就需要加 Encoding 参数，也可以不加 Encoding 参数，因为 Python 默认的编码格式就是 UTF-8。

如果是 CSV（逗号分隔）(*.csv) 格式的文件，那么在导入的时候就需要把编码格式更改为 GBK，如果使用 UTF-8 就会报错。

（5）engine 指定。

当文件路径或者文件名中包含中文时，如果还使用上面的导入方式就会报错。

可以通过设置 engine 参数来消除这个错误。这个错误产生的原因是当调用 read_csv() 方法时，默认使用 C 语言作为解析语言，只需要把默认值 C 更改为 Python 就可以了。如果文件格式是 CSV UTF-8（逗号分隔）(*.csv)，那么编码格式也需要跟着变为 utf-8-sig，如果文件格式是 CSV（逗号分隔）(*.csv) 格式，对应的编码格式则为 GBK。

（6）其他。

CSV 文件也涉及行、列索引设置及指定导入某列或者某几行。

①指定行索引。

将本地文件导入 DataFrame 的时候，行索引使用的是从 0 开始的默认索引，可以通过 index_col 参数来设置。index_col 表示用 .xlsx 文件中的第几列作为行索引，从 0 开始计数。

②指定列索引。

将本地文件导入 DataFrame 的时候，默认使用的是源数据表的第一行作为列索引，也可以通过 header 参数来设置列索引。header 参数值默认为 0，即用第一行作为列索引；也可以是其他行，只需要传入具体的那一行即可；也可以使用默认从 0 开始的数作为列索引。

③指定导入列。

有时本地文件的列数太多，但不需要那么多列的时候，可以通过设定 usecols 参数来指定要导入的列。可以给 usecols 参数传入具体的某个值，表示要导入第几列，同样是从 0 开始计数，也可以以列表的形式传入多个值，表示要传入哪些列。

2. 读取、识别、分类数据的知识准备

读取、识别、分类数据的程序编写，需要利用到 CSV 模块中最常用的一些函数，下面进行简单介绍。

（1）CSV 模块中的函数。

① reader() 函数。

```
reader(csvfile, dialect='excel', **fmtparams)
```

- csvfile：必须是支持迭代（Iterator）的对象，可以是文件（file）对象或者列表（list）对象，如果是文件对象，打开时需要加 "b" 标志参数。
- dialect：编码风格，默认为 Excel 的风格，也就是用逗号（,）分隔。dialect 方式也支持自定义，通过调用 register_dialect() 方法来注册，下文会提到。
- fmtparam：格式化参数，用来覆盖之前 dialect 对象指定的编码风格。

例如，如图 3-1 所示为 reader() 函数的示例。

```
1.    import csv
2.    with open('test.csv','rb') as myFile:
3.        lines=csv.reader(myFile)
4.        for line in lines:
5.            print line
```

图 3-1　reader() 函数的示例

其中，'test.csv' 是文件名；'rb' 中的 r 表示"读"模式，因为是文件对象，所以加 'b'。open() 返回了一个文件对象。reader(myFile) 只传入了第一个参数，另外两个参数采用默认值，即以 Excel 风格读入。lines 是一个 list，当调用它的方法 lines.next() 时，会返回一个 string。上面程序的效果是将 CSV 文件中的文本按行打印，每一行的元素都是以逗号分隔符"，"分隔开。

② 自定义函数。

Python 使用 def 开始函数定义，紧接着是函数名，括号内部为函数的参数，内部为函数的具体功能实现代码，如图 3-2 所示。如果想要函数有返回值，可在 expressions 中的逻辑代码中用 return 返回。

```
1 | def function_name(parameters):
2 |     expressions
```

图 3-2　自定义函数语法示例

下面定义的一个函数，其参数是两个数值，函数的功能是把两个参数加起来。运行脚本后，在 Python 提示符内调用函数 func()，如果不指定参数，将会出错；如果将 a=1，b=2 输入函数，则输出 the c is 3，如图 3-3 所示。

```
1  def func(a, b):
2      c = a+b
3      print('the c is ', c)
```

图 3-3　func() 函数

（2）学习相关的逻辑语句及代码的编写。

if 条件语句及代码的编写：

```
if（条件表达式）

{ 语句…}

 else

   { 语句…}
```

当该语句执行时，会先对 if 后的条件表达式进行计算判断：如果该值为 true，则执行 if 后的语句；如果该值为 false，则执行 else 后的语句。

（3）Python 的相关程序语言。

① 函数表达式。

● 字符替换：

Replace（' 被替换 ',' 替换 ' ）

● 按照括号里的内容进行分隔：

split（' '）

● 列表长度计算：

len（listcontent）

② 数据集的打开和关闭。

● 数据集的打开：

`File=open（数据集, encoding='方式'）`

● 关闭数据集：

`File.close()`

3.1.2 算法设计

将所需用到的数据进行存储和导入相关的文件夹中，在 Python 中数据以表格化的形式存储于 CSV 格式的数据集中，作为提取的数据库。根据文本的语义特征，利用 Python 的程序编写，将原始数据集转换为用于训练机器学习的模型，便于机器对于文本的读取与识别，识别后的文本则达到了分类聚类的效果。

将节选的唐诗宋词的具体内容以表格的形式存储于 CSV 格式的数据集中，便于计算机进行读取与识别。利用编程将数据集的文本以逗号分隔符"，"为分隔，进行间隔划分，然后以函数进行分析与判断，若字符长度相同的文本则识别为唐诗，否则为宋词，以此来划分与聚类唐诗与宋词。

3.2　编写程序及运行

3.2.1　程序代码

```python
import csv
# 判断当前文章是唐诗还是宋词
def checkContent(row):
    # 获取诗词部分（不含标题和作者）
    content = row[2]
    # 判断是绝句还是宋词
    if checkListIsSame(content):
    return '绝句'
    else:
        return '宋词'
# 判断列表中元素长度是否相同（是唐诗还是宋词）
def checkListIsSame(content):
    # 将所有标点符号替换成英文逗号，便于分隔
    content = content.replace('？','，').replace('。','，').
            replace('！','，').replace('，','，')
    # 将诗词内容按照英文逗号分隔成列表，列表中的每个元素代表每一
    # 个句子
    listContent = content.split('，')
```

```
    # 去除最后一个空元素（因为最后一个符号会分隔成一个句子和一个
    # 空元素，故去除空元素）
    listContent.pop()
    # 获取列表长度，用于遍历
    listLength = len(listContent)
    # 设置标记，True 代表长度相同，是唐诗；False 代表长度不同，
    # 是宋词，默认标记为 True
    flag = True
    # 遍历列表
    for item in range(listLength):
        # 当元素为最后一个元素时，停止遍历
        if item == (listLength - 1):
            break
        # 当前遍历元素长度和下一个元素长度相同时，无须改变标记
        if len(listContent[item]) == len(listContent
                                    [item+1]):
            continue
        # 当遍历元素长度和下一个元素长度不同时，改变标记为 False
        else:
            flag = False
    # 返回标记
    return flag
# 以编码 gbk 方式打开已有数据集
file = open(" 唐诗宋词数据集 .CSV",encoding="gbk")
```

```
# 读取数据集
reader = csv.reader(file)
# 获取原始数据集列表
original = list(reader)
# 遍历原始数据集列表，获取每行数据列表
for row in original:
    # 判断当前遍历行是唐诗还是宋词
    result = checkContent(row)
    # 输出控制台，输出标题 + 类别
    print('《',row[0],'》',' : ',result)
# 关闭原始数据集文件
file.close()
```

3.2.2 运行程序

（1）通过计算机中的"开始"按钮，找到计算机中安装好的 Python 程序，单击 IDLE(Python) 启动编程窗口，如图 3-4 所示。

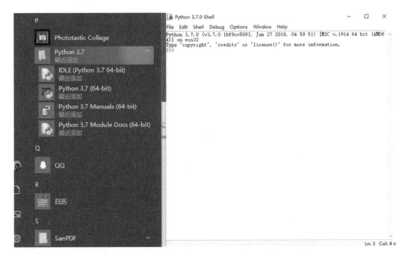

图 3-4　启动 Python 程序的编程窗口

（2）在 Python 的编程窗口中输入 3.3.1 节中的相应代码，并选择菜单上的 Run → Run Module 命令，或直接按 F5 快捷键，完成保存文件操作后，调试运行该程序，如图 3-5 所示。

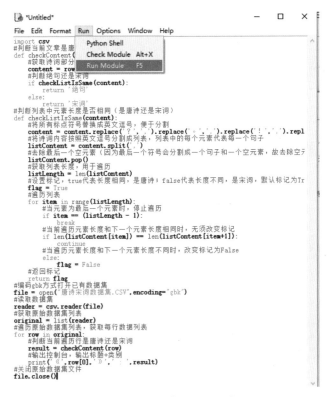

图 3-5　调试运行程序

（3）得到如图 3-6 所示的结果。

《 水调歌头·明月几时有 》 ： 宋词
《 念奴娇·赤壁怀古 》 ： 宋词
《 黄鹤楼送孟浩然之广陵 》 ： 绝句
《 将进酒·君不见 》 ： 绝句
《 送元二使安西 》 ： 绝句
《 小池 》 ： 绝句
《 春日 》 ： 绝句
《 咏柳 》 ： 绝句
《 虞美人·春花秋月何时了 》 ： 宋词
《 清平乐·村居 》 ： 宋词
《 望庐山瀑布 》 ： 绝句
《 声声慢·寻寻觅觅 》 ： 宋词
《 黄鹤楼 》 ： 绝句
《 卜算子·咏梅 》 ： 宋词
《 芙蓉楼送辛渐 》 ： 绝句
《 满江红·写怀 》 ： 宋词
《 九月九日忆山东兄弟 》 ： 绝句
《 夜雨寄北 》 ： 绝句
《 江城子·密州出猎 》 ： 宋词
《 破阵子·为陈同甫赋壮词以寄之 》 ： 宋词

图 3-6 唐诗与宋词的聚类结果显示

3.3 拓展训练

从字数上看，古诗、律诗、绝句又被划分为五言诗与七言诗，请同学们在本节课学习的基础上，试着对唐诗中的五言诗和七言诗进行聚类。

第 4 章
文本存取和
随机匹配

本章的主要任务是通过计算机编程编制一份测评卷，我想现在肯定有同学已经跃跃欲试了，心想：以前都是被测试者，这一次终于由自己来编制试卷了。在同学们亲自上阵之前，先来看看编制测评卷的内容及形式要求，然后再逐一学习如何利用 Python 软件编制一份规范的测评卷。

4.1　诗歌节选

我们生活在一个诗歌的国度，从小到大，大家都知道不少名家名句，例如"海上生明月，天涯共此时""君不见黄河之水天上来，奔流到海不复回""好雨知时节，当春乃发生""离离原上草，一岁一枯荣""昔人已乘黄鹤去，此处空余黄鹤楼"等。这些诗句同学们都很熟悉，为了更好地了解大家对诗歌的熟悉程度，我们将进行一次诗歌知识测评，测评卷由同学们自己编制，编制完成后大家随机交换进行测评。

同学们现在肯定在想：我应该怎样去出一套测评卷呢？会不会很难？没有经验怎么办？这些大家都不用担心，接下来老师会给大家先讲讲 Python 常用的数据类型字典和生成随机数的 random 模块。通过学习二者的相关知识，同学们便能自己利用 Python 出一套诗歌测评卷了。

4.2　案例：诗歌测评随机组卷

4.2.1　编程前准备

文本的存取与随机匹配，主要是通过 Python 的基本数据类型——字典（dict）以及 Python 自带的 random 模块生成及截取随机数的方式实现。在学习文本存取及随机匹配的内容，并利用相关知识独立出一套测评卷之前，先来学习一些相关的知识。

1. 字典

1）内涵及格式

字典是一种可变容器模型，且可存储任意类型对象。

```
dictionary = {key1 : value1, key2: value2,…}
```

其中，key1 与 value1 便是键值，因此用"："分隔；key1：value1 与 key2：value2 是不同的键值对，因此用"，"分隔；key1：value1, key2：value2,…属于整个字典，因此用"{}"包括所有涉及的内容。

注意：

dict 是 Python 的关键字和内置函数，因此变量名不建议命名为 dict。

键一般是唯一的，如果出现重复，则最后的一个键值对会替换前面的，值不需要唯一。

```
>>> tinydict = {'a':1,'b':2,'b':'3'}
>>> tinydict['b']
'3'
>>> tinydict
{'a':1,'b':'3'}
```

值可以取任何数据类型，但键必须是不可变的，如字符串、数字或元组。

一个简单的字典实例：

```
tinydict = {'Alice': '2341', 'Beth': '9102', 'Cecil': '3258'}
```

也可如此创建字典：

```
tinydict1 = { 'abc': 456 }

tinydict2 = { 'abc': 123, 98.6: 37 }
```

2）访问字典里的值

Python 中字典元素的访问有 5 种方法：使用键作为下标访问、使用 get() 方法访问、使用 items() 访问、使用 keys() 访问和使用 values() 访问。今天我们主要学习的是使用键访问元素。

使用键作为下标访问字典语法为：

```
val = dic["key"]
```

使用键访问字典参数的描述表如表 4-1 所示。

表 4-1　使用键访问字典参数描述表

参数	描述
dic	需要访问的字典
key	需要访问的字典的键
val	返回的元素

具体操作：将相应的键放入到方括号中。

如下实例：

```
tinydict = {'Name': 'Zara', 'Age': 7, 'Class': 'First'}

print "tinydict['Name']: ", tinydict['Name']

print "tinydict['Age']: ", tinydict['Age']
```

以上实例输出结果：

```
tinydict['Name']:  Zara

tinydict['Age']:  7
```

注：在 Python 中，使用键作为下标访问元素，如果键不存在，那么程序会提示异常。

3）修改字典

向字典中添加新内容的方法是增加新的键值对，修改或删除已有键值对。

例如：

```
tinydict = {'Name': 'Zara', 'Age': 7, 'Class': 'First'}
tinydict['Age'] = 8
# 更新
tinydict['School'] = "RUNOOB"
# 添加
print "tinydict['Age']: ", tinydict['Age']
print "tinydict['School']: ", tinydict['School']
```

以上实例输出结果：

```
tinydict['Age']:  8

tinydict['School']:  RUNOOB
```

4）删除字典值

能删除单一的元素，也能清空字典。删除一个字典用 del

命令，例如：

```
# 删除字典。使用 del 删除，删除后返回值为：None
dict2 = {1:'张三',2:'李四'}
del dict2[1]
print(dict2)    # 输出结果：{2: '李四'}
# 删除字典。使用 pop 删除，删除后返回值为删除的 value
dict2 = {1:'张三',2:'李四'}
print(dict2.pop(1)) # 输出结果：张三
print(dict2)            # 输出结果：{2: '李四'}
# 删除字典。使用 popitem 删除，删除后返回值为字典的最后一个键值对
dict2 = {1:'张三',2:'李四'}
print(dict2.popitem())   # 输出的结果为：(2, '李四')
print(dict2)             # 输出的结果为：{1: '张三'}
```

5）字典键的特性

字典值可以没有限制地取任何 Python 对象，既可以是标准的对象，也可以是用户定义的对象，但键不行。

不允许同一个键出现两次。创建时如果同一个键被赋值两次，则后一个值会被记住。

例如：

```
tinydict = {'Name': 'Runoob', 'Age': 7, 'Name': 'Manni'}
print "tinydict['Name']: ", tinydict['Name']
```

以上实例输出结果：

```
tinydict['Name']:  Manni
```

键必须不可变，所以可以用数字、字符串或元组充当。不能用列表。

例如：

```
tinydict = {['Name']: 'Zara', 'Age': 7}
print "tinydict['Name']: ", tinydict['Name']
```

以上实例输出结果：

```
Traceback (most recent call last):
  File "test.py", line 3, in <module>
    tinydict = {['Name']: 'Zara', 'Age': 7}
TypeError: unhashable type: 'list'
```

6）Python 字典内置函数和方法

Python 字典包含以下内置函数，如表 4-2 所示。

表 4-2　Python 字典内置函数

序号	函数	描述
1	cmp(dict1,dict2)	比较两个字典元素
2	len(dict)	计算字典元素个数，即键的总数
3	str(dict)	输出字典可打印的字符串表示
4	type(variable)	返回输入的变量类型，如果变量是字典就返回字典类型

Python 字典包含以下内置方法，如表 4-3 所示。

表 4-3　Python 字典内置方法

序号	函数	描述
1	dict.clear	删除字典内所有元素
2	dict.copy	返回一个字典的浅复制
3	dict.fromkeys(seq[, val])	创建一个新字典，以序列 seq 中元素作字典的键，val 为字典所有键对应的初始值
4	dict.get(key, default=None)	返回指定键的值，如果值不在字典中，返回 default 值
5	dict.has_key(key)	如果键在字典 dict 里，返回 true，否则返回 false
6	dict.items()	以列表返回可遍历的（键，值）元组数组
7	dict.keys	以列表返回一个字典所有的键
8	dict.setdefault(key,default=None)	和 get() 类似，但如果键不存在于字典中，将会添加键并将值设为 default
9	dict.update(dict2)	把字典 dict2 的键值对更新到 dict 里
10	dict.values()	以列表返回字典中的所有值
11	pop(key[,default])	删除字典给定键 key 所对应的值，返回值为被删除的值。key 值必须给出。否则，返回 default 值
12	popitem()	返回并删除字典中的最后一对键和值

2. random 函数

Python 标准库中的 random 函数，可以生成随机浮点数、整数、字符串，甚至能够帮助你随机选择列表序列中的一个元素，打乱一组数据等。

1）random. shuffle() 函数

random.shuffle() 是 random 模块中的函数之一，其函数原型为：random.shuffle(x[, random])。该函数不会生成新的列表，而是将序列中所有元素打乱之后，进行随机排列。

shuffle() 函数使用方式：

```
import random
random.shuffle (list)
```

list 可以是一个任意内容的列表或序列。

注意：

- shuffle() 是不能直接访问的，需要导入 random 模块，然后通过 random 静态对象调用该方法。
- shuffle() 函数没有返回值，仅仅是实现了对 list 元素进行随机排序的一种功能。

shuffle() 函数使用示例如下。

```
import random
list = [20, 16, 10, 5]
random.shuffle(list)
print "随机排序列表 : ",  list
```

实例运行后输出结果为：

随机排序列表 : [16, 5, 10, 20]

注意：下面这样的写法是错误的，不可以把随机排列的结

果赋值给另外一个序列列表，只能在原序列列表的基础上操作。

```
alist2=random.shuffle(alist)
```

输出的结果为：

```
None
```

2）random.sample() 函数

random.sample() 的 函 数 原 型 为：random.sample(sequence, k)。从指定序列中随机获取指定长度的片断。sample() 函数不会修改原有序列。

sample() 函数的简单实现：

```
#Python3 program to demonstrate
#the use of sample() function
#import random
from random import sample
#Prints list of random items of given length
list1 = [1, 2, 3, 4, 5]
print(sample(list1,3))
运行结果: [2, 3, 5]
```

4.2.2 算法设计

利用 Python 的基本数据类型——字典（dict）以及 Python 自带的 random 模块 shuffle()、sample() 函数生成随机数的方式可以实现文本存取以及随机匹配。利用字典可以实现20 首诗歌的存取，并固定诗句的第一句为测评卷题目，并通过

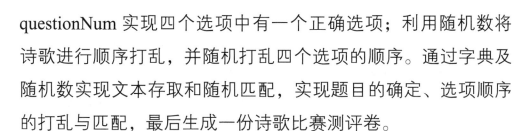

questionNum 实现四个选项中有一个正确选项；利用随机数将诗歌进行顺序打乱，并随机打乱四个选项的顺序。通过字典及随机数实现文本存取和随机匹配，实现题目的确定、选项顺序的打乱与匹配，最后生成一份诗歌比赛测评卷。

4.3　编写程序及运行

在前面的编程知识里，学习了文本存取与随机匹配的相关函数，要生成一份测评卷，主要运用到的是 Python 的字典，利用 dictionary 来实现诗歌的文本存储，以及 Python 的 random 模块中相关函数实现题目选项的随机匹配。

4.3.1　程序代码

```python
import random

#poetry
poetry = {
    '秦时明月汉时关' : '万里长征人未还',   #《出塞》[唐] 王昌龄
    '但使龙城飞将在' : '不教胡马度阴山',
    '春眠不觉晓' : '处处闻啼鸟',   #《春晓》[唐] 孟浩然
    '夜来风雨声' : '花落知多少',
    '松下问童子' : '言师采药去',   #《寻隐者不遇》[唐] 贾岛
    '只在此山中' : '云深不知处',
```

'朝辞白帝彩云间'：'千里江陵一日还', #《早发白帝城》[唐] 李白

'两岸猿声啼不住'：'轻舟已过万重山',

'独在异乡为异客'：'每逢佳节倍思亲', #《九月九日忆山东兄弟》
#[唐] 王维

'遥知兄弟登高处'：'遍插茱萸少一人',

'故人西辞黄鹤楼'：'烟花三月下扬州', #《黄鹤楼送孟浩然之
#广陵》[唐] 李白

'孤帆远影碧空尽'：'唯见长江天际流',

'月落乌啼霜满天'：'江枫渔火对愁眠', #《枫桥夜泊》[唐] 张继

'姑苏城外寒山寺'：'夜半钟声到客船',

'朱雀桥边野草花'：'乌衣巷口夕阳斜', #《乌衣巷》[唐] 刘禹锡

'旧时王谢堂前燕'：'飞入寻常百姓家',

'渭城朝雨浥轻尘'：'客舍青青柳色新', #《送元二使安西》[唐] 王维

'劝君更尽一杯酒'：'西出阳关无故人',

'剑外忽传收蓟北'：'初闻涕泪满衣裳', #《闻官军收河南河北》
#[唐] 杜甫

'却看妻子愁何在'：'漫卷诗书喜欲狂',

'白日放歌须纵酒'：'青春作伴好还乡',

'即从巴峡穿巫峡'：'便下襄阳向洛阳',

'塞下秋来风景异'：'衡阳雁去无留意', #《渔家傲·塞下秋来风
#景异》[宋] 范仲淹

'浊酒一杯家万里'：'燕然未勒归无计',

'念去去,千里烟波'：'暮霭沉沉楚天阔', #《雨霖铃·寒蝉凄切》
#[宋] 柳永

'多情自古伤离别'：'更那堪,冷落清秋节',

'北风卷地白草折 '：'胡天八月即飞雪 '，　#《白雪歌送武判官归京》

#［唐］岑参

'忽如一夜春风来 '：'千树万树梨花开 '，

'散入珠帘湿罗幕 '：'狐裘不暖锦衾薄 '，

'将军角弓不得控 '：'都护铁衣冷难着 '，

'瀚海阑干百丈冰 '：'愁云惨淡万里凝 '，

'中军置酒饮归客 '：'胡琴琵琶与羌笛 '，

'纷纷暮雪下辕门 '：'风掣红旗冻不翻 '，

'轮台东门送君去 '：'去时雪满天山路 '，

'山回路转不见君 '：'雪上空留马行处 '，

'风急天高猿啸哀 '：'渚清沙白鸟飞回 '，　#《登高》［唐］杜甫

'无边落木萧萧下 '：'不尽长江滚滚来 '，

'万里悲秋常作客 '：'百年多病独登台 '，

'艰难苦恨繁霜鬓 '：'潦倒新停浊酒杯 '，

'乘兴南游不戒严 '：'九重谁省谏书函 '，　#《隋宫》［唐］李商隐

'春风举国裁宫锦 '：'半作障泥半作帆 '，

'青山隐隐水迢迢 '：'秋尽江南草未凋 '，　#《寄扬州韩绰判官》

#［唐］杜牧

'二十四桥明月夜 '：'玉人何处教吹箫 '，

'劝君莫惜金缕衣 '：'劝君须惜少年时 '，　#《金缕衣》

#［唐］杜秋娘

'有花堪折直须折 '：'莫待无花空折枝 '，

'碧阑干外绣帘垂 '：'猩血屏风画折枝 '，　#《已凉》［唐］韩偓

'八尺龙须方锦褥 '：'已凉天气未寒时 '，

```
    '嵩云秦树久离居': '双鲤迢迢一纸书',    #《寄令狐郎中》[唐]
                                        # 李商隐

    '休问梁园旧宾客': '茂陵秋雨病相如',

    '锦瑟无端五十弦': '一弦一柱思华年',    #《锦瑟》[唐] 李商隐

    '庄生晓梦迷蝴蝶': '望帝春心托杜鹃',

    '沧海月明珠有泪': '蓝田日暖玉生烟',

    '此情可待成追忆': '只是当时已惘然',

    '昨夜星辰昨夜风': '画楼西畔桂堂东',    #《无题·昨夜星辰昨夜风》

    '身无彩凤双飞翼': '心有灵犀一点通',#[唐] 李商隐
}


#产生一份随机试卷

for quizNum in range(1):

    quizFile = open('诗词测验%s.txt' % (quizNum + 1), 'w')

    answerKeyFile = open('诗词测验答案%s.txt' % (quizNum
                        + 1), 'w')


    #试卷标题

    quizFile.write((' ' * 20) + '诗词测验 (试卷 %s)' %
                    (quizNum + 1))

     quizFile.write('\n\n 姓名:_____

日期:_____    时间:_____')

    quizFile.write('\n\n')
```

```python
#states 存储所有诗歌
states = list(poetry.keys())
# 随机打乱 states 列表元素的顺序
random.shuffle(states)


# 每份试题随机产生 10 个问题
for questionNum in range(10):
    # 正确答案
    correctAnswer = poetry[states[questionNum]]
    # 错误答案列表
    wrongAnswers = list(poetry.values())
    # 错误答案中去掉正确答案
    del  wrongAnswers[wrongAnswers.index
        (correctAnswer)]
    # 从错误答案列表 wrongAnswers 中随机抽取三个
    wrongAnswers = random.sample(wrongAnswers, 3)
    # 一个正确答案和三个错误答案构成四个选项
    answerOptions = wrongAnswers + [correctAnswer]
    # 打乱四个选项的顺序
    random.shuffle(answerOptions)


    # 向试题文件中写入问题
    quizFile.write('%s.%s 的下一句是 ?\n' % (questionNum
        + 1, states[questionNum]))
    for i in range(4):
```

```
        quizFile.write(' %s. %s\n' % ('ABCD'[i], answer
                Options[i]))
        quizFile.write('\n')


    # 向答案文件中写入正确答案
    answerKeyFile.write('%s.%s\n' % (questionNum + 1,
        'ABCD'[answerOptions.index(correctAnswer)]))


# 关闭流
quizFile.close()
answerKeyFile.close()
print("随机组卷完成")
```

4.3.2　运行程序

（1）通过单击计算机 Windows 界面上的"开始"按钮，找到计算机中安装好的 Python 程序，单击 IDLE(Python) 启动编程窗口，如图 4-1 所示。

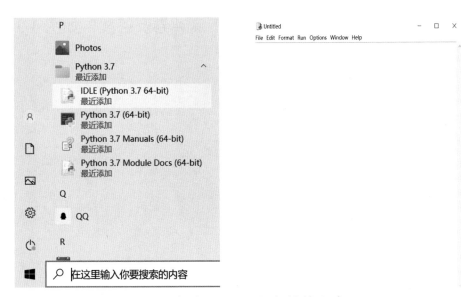

图 4-1　启动 Python 程序的编程窗口

（2）在 Python 的编程窗口中输入 4.3.1 节中的相应代码，并选择菜单上的 Run → Run Module 命令，或直接按 F5 快捷键，完成保存文件操作后，调试运行该程序，如图 4-2 所示。

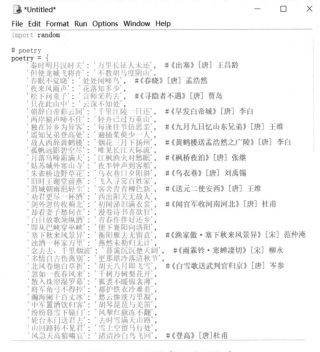

图 4-2　调试运行程序

（3）通过程序运行可得到以下测评卷及答案，如图 4-3 和图 4-4 所示。

|　　　　　　　　　　诗词测验（试卷 1）

姓名：＿＿＿＿＿＿＿＿　日期：＿＿＿＿＿＿＿＿　时间：＿＿＿＿＿＿＿＿

1.只在此山中的下一句是 ？
　A. 烟花三月下扬州
　B. 唯见长江天际流
　C. 乌衣巷口夕阳斜
　D. 云深不知处

2.万里悲秋常作客的下一句是 ？
　A. 百年多病独登台
　B. 客舍青青柳色新
　C. 渚清沙白鸟飞回
　D. 玉人何处教吹箫

3.却看妻子愁何在的下一句是 ？
　A. 轻舟已过万重山
　B. 孤蓬万里征蓬
　C. 千里江陵一日还
　D. 漫卷诗书喜欲狂

4.松下问童子的下一句是 ？
　A. 唯见长江天际流
　B. 雪上空留马行处
　C. 言师采药去
　D. 茂陵秋雨病相如

5.念去去，千里烟波的下一句是 ？
　A. 暮霭沉沉楚天阔
　B. 处处闻啼鸟
　C. 半作障泥半作帆
　D. 猩血屏风画折枝

6.浊酒一杯家万里的下一句是 ？
　A. 风掣红旗冻不翻
　B. 青春作伴好还乡
　C. 燕然未勒归无计
　D. 万里长征人未还

7.故人西辞黄鹤楼的下一句是 ？
　A. 漫卷诗书喜欲狂
　B. 烟花三月下扬州
　C. 玉人何处教吹箫
　D. 便下襄阳向洛阳

8.休问梁园旧宾客的下一句是 ？
　A. 只是当时已惘然
　B. 蓝田日暖玉生烟
　C. 不尽长江滚滚来
　D. 茂陵秋雨病相如

9.将军角弓不得控的下一句是 ？
　A. 江枫渔火对愁眠
　B. 暮霭沉沉楚天阔
　C. 通输来英少一人
　D. 都护铁衣冷难着

10.塞下秋来风景异的下一句是 ？
　A. 蓝田日暖玉生烟
　B. 轻舟已过万重山
　C. 雪上空留马行处
　D. 衡阳雁去无留意

1.D
2.A
3.D
4.C
5.A
6.C
7.B
8.D
9.D
10.D

图 4-3　诗词测评卷　　　　　图 4-4　测评卷答案

4.4 拓展训练

　　诗歌测评试卷考查了同学们对古代诗歌的熟悉以及掌握程度，但语文学习还有很多有魅力的地方。在源远流长的历史长河中，中国出现了很多著名的诗人，他们的作品也是家喻户晓。希望同学们通过运用随机匹配和文本存取的算法，根据诗人的名字和作品的对应关系，尝试着编制一份包含有20道选择题的测评卷。

第 5 章
构建知识
图谱

同学们都学过宋词吧，宋词在我国有着极高的文学地位。国学大师陈寅恪在《邓广铭〈宋史职官志考正〉序》中曾说："华夏民族之文化，历数千载之演进，造极于赵宋之世。"在学习宋词时，大家需要记忆作者的个人生平及相关信息，如名字、朝代、字、号等，而且不少宋词的作者之间都有着各种联系，内容实在太多，可否借助计算机编程来帮助记忆这些知识呢，有什么方法呢？

5.1 知识图谱架构的形态

同学们听说过知识图谱吗？知识图谱可以显示知识之间的结构关系，可以帮助我们更有逻辑地去记忆这些知识。如果利用计算机编程来生成宋词的知识图谱，则可以更加方便快捷。通过知识图谱对宋词中的知识进行梳理，可以将宋词中的作者名字、朝代、作者名号等信息间建立关联，形成有机的知识图谱，帮助学习者建构知识点间的逻辑关系。下面结合计算机编程的相关知识，来学习一下如何生成知识图谱。

5.2 案例：宋词知识图谱建设

5.2.1 编程前准备

1. Neo4j 基本知识

Neo4j 是一个高性能的 NoSQL 图形数据库，它将结构化数据存储在网络上而不是表中。Neo4j 也可以被看作一个高性能的图引擎，该引擎具有成熟数据库的所有特性。图形数据库也就意味着它的数据并非保存在表或集合中，而是保存为节点以及节点之间的关系。py2neo 是 Neo4j 数据库的 Python 驱动，即当需要使用Neo4j 数据库且习惯在Python环境下处理数据时，那么就需要用到 Python 的 Neo4j 库，即 py2neo。

Neo4j 的数据由下面 3 部分构成：节点、边、属性。

Neo4j 除了顶点（Node）和边（Relationship），还有一个重要的部分——属性。无论是顶点还是边，都可以有任意多的属性。属性的存放类似于一个 HashMap，HashMap 中的 Key 为一个字符串，而 Value 必须是基本类型或者是基本类型数组。

在 Neo4j 中，节点以及边都能够包含保存值的属性。此外，可以为节点设置零个或多个标签，每个关系都对应一种类型，关系总是从一个节点指向另一个节点。

Neo4j 里面最重要的两个数据结构就是节点和关系，即 Node 和 Relationship，可以通过 Node 或 Relationship 对象创建，实例如下。

```
from py2neo import Node, Relationship
a = Node('Person', name='Alice')
b = Node('Person', name='Bob')
r = Relationship(a, 'KNOWS', b)
print(a, b, r)
运行结果: (:Person {name: 'Alice'}) (:Person {name:
'Bob'}) (Alice)-[:KNOWS {}]->(Bob)
```

这样就成功创建了两个节点以及两个节点之间的关系。

2. py2neo 的基本操作

1）连接数据库和图

```
from py2neo import *     #* 中常用的是 Node、Relationship、Graph
graph = Graph(url,username='name',password='pw')
```

2）查看数据库的基本属性

```
graph.schema.node_labels    # 查看图结构中节点标签的类别，返回
                            # 结果是一个 frozenset
graph.schema.relationship_types    # 查看图结构中关系的类型
```

3）数据操作

数据操作分为两种方式，一种是直接传入 cypher 语句，这里称之为 cypher 外壳；另一种是采用 py2neo 自己的数据结构和编写方式，称为 py2neo 方法。

因为常需要从服务器端取数据，同时编写程序时本地也会产生 Node、Relationship 等数据，因此需要二者的版本协同。常规的处理方法如下。

```
graph = Graph()
tx  = graph.begin()             # 开始一个 Transaction
node_1 = Node("Person",name="Peter")
tx.create(node_1)
```

```
tx.push(node_1)                    #push 到服务器
#or
tx.commit()                        # 将以上更改一次提交
```

（1）cypher 外壳。

这种方法的基本用法是 graph.run('a cypher expression')，例如：

```
result =graph.run('match (p:Paper) return p.title,
        p.author limit 20')
```

运行 graph.run() 返回的结果是一个 cursor 对象。cursor 相当于结果的一个游标，可以通过循环调用。

```
while cursor.forward():
    print(cursor.current['name'])
#or
for record in cursor:
    print(record["name"])
```

graph.run() 的结果可以通过数据形式呈现。数据基本格式是：list of dictionary，也可以按需求转换为其他格式。

```
graph.run().data()                 #a list of dictionary
graph.run().to_data_frame()        #pd.DataFrame
graph.run().to_ndarray()           #numpy.ndarray
```

```
graph.run().to_subgraph()

graph.run().to_table()
```

（2）py2neo 方法。

py2neo 方法即前面的 graph 类中的函数。neo4j 的主要功能是图数据的存储和查询，相应的 py2neo 方法也从这两方面来考察。

①存储。

除了前面的创建节点，还有创建关系以及子图方法。

```
a = Node("Person",name="Alice")

b = Node("Person",name="Bob")

r = Relationship(a,"KNOWS",b)

s = a|b|r

graph = Graph()

graph.create(s)
```

创建节点采用 merge() 方法，py2neo 和 cypher 中的 merge() 方法有所不同。

在 cypher 中，merge() 方式是当创建一个实体时，程序会检测是否已有这个实体存在，检测的方法是进行 label 和 property 的匹配。如果已存在则不创建。py2neo 方法中的 merge() 则是，同样进行匹配，如果匹配上则用当前实体覆盖数据库中的已有实体。这里的主要区别在于，匹配时一般只会用到关键的少数 property，根据某个 property 去决定是否覆盖时，其他 property 可能是不相等的。

因此，cypher 是用数据库实体覆盖新创建的，py2neo 是用新的覆盖旧的。考虑到创建时属性可能比较少，因此在 py2neo 中应慎用 merge()，可以先做存在判断，然后再用 create 语句。

Merge() 的使用方式为：

```
graph.merge(node_1,"Person","name")        # 根据 name 属性对
                                           #Person 结点进行 merge
```

相应的 cypher 语句中的 merge() 为：

```
match (c:course)

merge (t:teacher {name:c.teacher})

return c.name,c.teacher
```

②查询。

py2neo 提供了专门的查询模块，即 NodeMatcher 和 RelationshipMatcher，使用格式为：

```
matcher_1 = NodeMatcher(graph)

matcher_2 = RelationshipMatcher(graph)

node = matcher_1.match("Paper",ID='09076').
      where(year=2017)    #匹配指定 ID 和 year 的 Paper 结点

relation = matcher_2.matcher(r_type="Cited").limit(50)
```

使用这两个模块后返回的结果仍然是 NodeMatcher 对象或 RelationshipMatcher 对象，要将其转换为实体，可以采用 first() 函数，或者变换成列表。

```
node_1 = matcher_1.match("Paper",ID='09076').first()
                                    # 取第一个匹配到的节点
result_1 = list(node)               # 转换为列表
result_2 = list(result)
```

node 和 relationship 数据类型也自带匹配属性，例如：

```
graph.nodes.match("Person").first()
```

（3）py2neo.ogm。

ogm 是 Object-Graph Mapping 的简写，ogm 是基于 Graphobject 的。

一个 Graphobject 的实例可以包含节点、标签或相关对象等内容。

```
class Movie(GraphObject):
    __primarylabel__ = 'Movie'
    __primarykey__ = 'title'

    title = Property()              # 影片名
    tag_line = Property('tagline')
    release = Property()            # 发行时间
    restricted = Lable()            # 是否限制级
```

```
    actors = RelatedFrom("Person","ACTED_IN")

    directors = RelatedFrom("Person","DIRECTED")

    producers = RelatedFrom("Person","PRODUCED")


class Person(GraphObject):

    __primarykey__ = "name"

    name = Property()

    acted_in = RelatedTo(Movie)
```

Property 是属性，通过语句如 release = Property() 指定 release 为属性，接着就可以赋值。

```
M = Movie()

M.release = 1995
```

Label 是标签，用法同 Property，但 Label 是 binary 变量。

RelationTo 和 RelatedFrom 指定了关系管理的实体和关系的方向。

graphObject 对象自身也可以进行查询操作，例如：

```
Person.match(graph,"Alice").first()
```

5.2.2 算法设计

用 Python 的 py2neo 模块可以存储图形数据。在利用 py2neo 设计知识图谱时，首先需要连接 Neo4j 的数据库，输入地址、用户名、密码，再创建知识图谱中所需要的知识节点，

并建立每个节点之间的关系，从而构建出完整的知识图谱。

在宋词的学习中，作者名字、朝代、作品等相关信息都是需要记忆的知识节点，所以在计算机程序编写中需要创建这些节点，再在这些节点之间建立关系。例如，李清照和《一剪梅》之间是作者和作品的关系，完善节点和联系，从而完成完整的知识图谱。

5.3 编写程序及运行

用 Python 的 py2neo 模块可以存储图形数据，使用 from py2neo import * 连接数据库和图，使用 py2neo 中提供的专门的查询模块，即 NodeMatcher 和 RelationshipMatcher，通过 CreateNode() 创建知识节点。

5.3.1 程序代码

```
from py2neo import Graph, Node, Relationship,NodeMatcher,
RelationshipMatcher
    graph = Graph("http://localhost:7474", auth=("neo4j",
        "neo4j"))
    #uri='bolt://192.168.0.244:7687'  #neo4j 是默认的账号和密码
    # 创建节点
    def CreateNode(m_graph, m_label, m_attrs):
        m_n = "_.name="+"\'"+m_attrs['name']+"\'"
```

```
    matcher = NodeMatcher(m_graph)

    re_value = matcher.match(m_label).where(m_n).first()

    if re_value is None:

        m_node = Node(m_label, **m_attrs)

        n = graph.create(m_node)

        return n

    return None


label1 = ' 诗人 '

attrs1 = {"name":" 李清照 ", "dynasty":"Song"}

attrs2 = {"name":" 苏轼 ", "dynasty":"Song"}

label2 = ' 词 '

attrs3 = {"name":" 一剪梅 ", "author":" 李清照 "}

attrs4 = {"name":" 江城子 ", "author":" 苏轼 "}

attrs5 = {"name":" 水调歌头 "}

label3 = ' 主题 '

attrs6 = {"name":" 诉衷情 "}

label4 = ' 文学作品 '

attrs7 = {'name':' 宋词 '}


# 创建节点

CreateNode(graph, label1, attrs1)

CreateNode(graph, label1, attrs2)

CreateNode(graph, label2, attrs3)

CreateNode(graph, label2, attrs4)
```

```
CreateNode(graph, label2, attrs5)

CreateNode(graph, label3, attrs6)

CreateNode(graph, label4, attrs7)


def MatchNode(m_graph, m_label,m_attrs):

    m_n = "_.name="+"\'"+m_attrs['name']+"\'"

    matcher = NodeMatcher(m_graph)

    re_value = matcher.match(m_label).where(m_n).first()

    return re_value


def CreateRelationship(m_graph, m_label1, m_attrs1,
                    m_label2,m_attrs2 ,m_r_name):

    reValue1 = MatchNode(m_graph, m_label1, m_attrs1)

    reValue2 = MatchNode(m_graph, m_label2, m_attrs2)

    if reValue2 is None or reValue1 is None:

        return False

    m_r = Relationship(reValue1, m_r_name, reValue2)

    n=graph.create(m_r)

    return n


m_r_name1 = "作品"

reValue = CreateRelationship(graph, label1,attrs1,
        label2,attrs3,m_r_name1)

reValue = CreateRelationship(graph, label1,attrs2,
        label2,attrs4,m_r_name1)
```

```
m_r_name2 = "诗人"

reValue = CreateRelationship(graph, label4,attrs7,
        label1,attrs1,m_r_name2)

reValue = CreateRelationship(graph, label4,attrs7,
        label1,attrs2,m_r_name2)

m_r_name3 = "主题"

reValue = CreateRelationship(graph, label2,attrs5,
        label3,attrs6,m_r_name3)
```

5.3.2 运行程序

通过计算机中的"开始"按钮，找到计算机中安装好的Python 程序，单击 IDLE(Python) 启动编程窗口，如图 5-1 所示。

图 5-1 启动 Python 程序的编程窗口

在本地运行 Neo4j，并打开网页，如图 5-2 所示。

```
$ :server status                                              ▶  ☆

Connection        You are currently not connected to Neo4j.
status            Execute :server connect and enter your credentials to connect.
This is your
current
connection
information.
```

图 5-2 Neo4j 运行

在 Python 的编程窗口中输入 5.3.1 节中的相应代码，并选择菜单上的 Run → Run Module 命令，或直接按 F5 快捷键，完成保存文件操作后，调试运行该程序，如图 5-3 所示。

图 5-3 调试运行程序

程序运行，得出知识图谱，如图 5-4 所示。

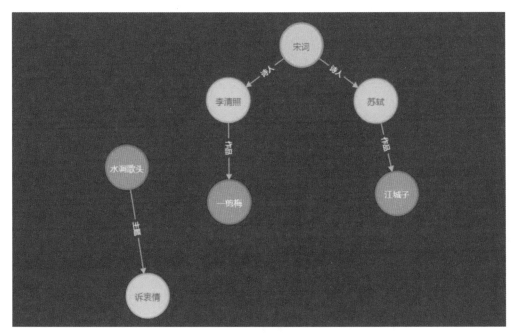

图 5-4　知识图谱

5.4　拓展训练

　　学习宋词时，有许多要记忆的知识节点，例如，作者的朝代、作品等，这些信息都是围绕着作者的。在本次程序设计中，设计的都是一对一的关系，而有很多知识点需要一对多的关系才能展示出来，请同学们开动脑筋，在 5.3.1 节程序代码的基础上，将作者的详细信息展示在知识图谱中。

第6章
音频播放

同学们，当我们想要通过朗读去体味一篇文章的思想情感时，借助音频播放工具反复训练是一种很好的办法。今天我们一起来了解怎样制作音频播放器，并用其来辅助我们进行朗读训练，以加深对文章内容和情感等的理解。

6.1 音频内容《白杨礼赞》

《白杨礼赞》这篇文章大家都不陌生，这是一篇值得在反复诵读中回味理解的文章。我们知道，朗诵需要借助声音表达情感，正确把握文章的情感基调，处理好停顿、节奏、语气的运用技巧，把文中所描述的意境、情感表达出来，让听众产生共鸣。就像文中所述："如果美是专指'婆娑'或'旁逸斜出'之类而言，那么白杨树算不得树中的好女子；但是它却是伟岸，正直，朴质，严肃，也不缺乏温和，更不用提它的坚强不屈与挺拔，它是树中的伟丈夫！"在朗诵这段文字时如何借助声音传达情感呢？

我们需要对整篇的朗诵文本分段或分句学习，针对文中升华感情的句子多琢磨，反复研读，可以借助计算机编程制作一个音频播放器，将想要学习的课文音频导入播放器中，就可以进行朗读训练，掌握每一句朗诵的节奏，下面我们就一起来学习吧。

6.2 案例：朗读并播放《白杨礼赞》

6.2.1 编程前准备

1. 了解 Pygame

在 Python 中可以使用 Pygame 模块来进行音乐的播放。在使用之前，先学习一下 Pygame 模块的相关知识。Pygame 是跨平台 Python 模块，其功能非常强大，专为电子游戏设计，包含图像、声音。这里主要用到了 Pygame 模块来进行音乐的播放、暂停和切换等。然而针对不同的对象，在运行时有不同的参数，以下列举了三种对象对应的参数。

1）sound 对象

```
Pygame.mixer.Sound(" 文件 ")    # 读取声音对象 sound，格式只有
                               #wav 和 ogg 两种
```

对象方法：

```
fadeout()            # 淡出时间，可用参数单位为ms
get_lengh()          # 获得声音文件长度，以 s 为单位
get_num_channels()   # 声音要播放的次数
play(loop,maxtime)   # 对读取的声音对象可执行播放操作
```

其中，loop 为 -1 表示无限循环，1 表示重复两次，maxtime

表示多少毫秒后结束；返回一个 Channel 对象，失败则返回
None。

```
set_volum()              # 设置音量

stop()                   # 停止播放

Pygame.mixer.music                # 背景音乐处理方法

Pygame.mixer.music.load()         # 加载文件可为 MP3 和 OGG 格式

Pygame.mixer.music.play()         # 播放

Pygame.mixer.music.stop()         # 停止，还有 pause() 和
                                  #unpause() 方法
```

2）channels 对象

```
Pygame.mixer.get_num_channels()   # 获取当前系统可同时播放的声
                                  # 道数；Pygame 中默认为 8
```

对象方法：

```
fadeout()            # 设置淡出时间

get_busy()           # 如果正在播放，返回 True

set_endevent()       # 设置播放完毕时要做的事件

get_endevent()       # 获取播放完毕时要做的事件，如果没有则返回
                     #None

get_queue()          # 获取队列中的声音，如果没有则返回 None

set_volume()         # 设置音量
```

```
get_volume()          # 获取音量
pause()               # 暂停播放
unpause()             # 继续播放
play()                # 播放
queue()               # 将一个 Sound 对象加入队列，在当前声音播放
                      # 完毕后播放
set_num_channels()    # 自定义声道数
```

3）music 对象

```
Pygame.mixer.pre_init(frequency,size,stereo,buffer)
# 声音系统初始化，第一个参数为采样率，第二个参数为量化精度，
# 第三个参数为立体声效果，第四个参数为缓冲
```

对象方法：

```
fadeout()             # 设置淡出时间
set_endevent()        # 设置播放完毕后事件
get_endevent()        # 获取播放完毕后进行的事件
set_volume()          # 设置音量
get_volume()          # 获取音量
load()                # 加载音乐文件
rewind()              # 从头开始播放
get_pos()             # 获取当前播放的位置，以 ms 为单位
```

2. 安装 Pygame

第一步，在下载好 Python 软件的前提下，右击菜单选择"运行"命令，在"运行"对话框中输入"cmd"即可打开命令窗口，如图 6-1 所示。

图 6-1　打开命令窗口

第二步，检查 Python 内的 pip 是否为较新版本，若不是，应按操作安装 pip，如图 6-2 所示。

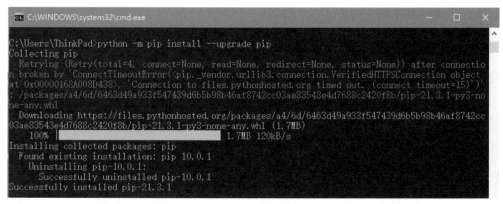

图 6-2　pip 的安装或更新

第三步，安装 Pygame。接着输入 "pip install pygame" 即可，如图 6-3 所示。

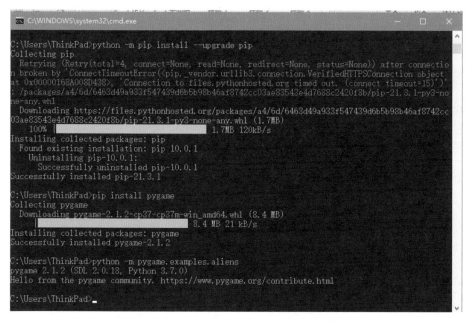

图 6-3　Pygame 的安装与检验

3. 了解 PyCharm

PyCharm 是 一 种 Python IDE（Integrated Development Environment，集成开发环境），带有一整套可以帮助用户在使用 Python 语言开发时提高其效率的工具，如调试、语法高亮、项目管理、代码跳转、智能提示、自动完成、单元测试、版本控制。此外，该 IDE 提供了一些高级功能，以用于支持 Django 框架下的专业 Web 开发。

1）导入第三方工具

Import Pygame 意为导入 Pygame，在 PyCharm 当中编写代码时，需要将要用到的第三方工具先导入进去，否则在运行的时候会报错。

2）定义命令

def play() 表示定义"播放"命令，即告诉系统执行哪些程序会与播放命令同时发生。在播放音频之前，首先要确定播放源，也就是播放文件是什么，可用 file=xx 来表示。在播放音乐前，先将 Pygame 内的音乐处理器初始化再进行后续的操作，这时候用到的是"init"。之后将音乐文件加载到播放器中待命，可以用"load"来表示。最后，将"load"改成"play"即可。

例如：

```
file = music
pygame.mixer.init()    #初始化
pygame.mixer.music.load(file)    #加载本地文件
pygame.mixer.music.play()    #播放音乐
pygame.mixer.music.stop()    #停止音乐
```

3）设置 Tkinter 播放器窗口内按钮

b5 = Button(root, text=" ", width=, command=root.destroy)，b5.grid(row=, column=, padx=, pady=, columnspan=)，参数分别为按钮的名称、宽度、行、列、水平边距、像素垂直边距、跨距。

4. 安装 PyCharm

PyCharm 的安装步骤比 Pygame 要简单一些，装好之后呈现如图 6-4 所示界面。在之后运行程序时会用到。

图 6-4　PyCharm 的安装

6.2.2　算法设计

　　我们用计算机编程来实现对朗诵内容的控制，通过制作一个播放朗诵音频的工具，让同学们能够根据需要提高朗诵技巧。将需要的步骤用代码的方式表示出来，再将这些代码编写成程序，播放朗诵内容或停止。在本次示范学习中，我们以《白杨礼赞》为例，首先将与本文对应的音频文件导入计算机中，再将想要的命令定义好，如开始播放、后退、快进、倍速、停止等命令。通过运用"播放"和"停止"来控制音乐文件。同时，设置播放器窗口，将构思好的命令按钮大小、高度、宽度、位置等参数设置好。

6.3 编写程序及运行

Pygame 是一个开源的 Python 模块，可以用于 2D 游戏制作，包含对图像、声音、视频、事件、碰撞等的支持。Pygame 建立在 SDL 的基础上，SDL 是一套跨平台的多媒体开发库，用 C 语言实现，被广泛应用于游戏、模拟器、播放器等的开发中。

Pygame 让游戏开发者不再被底层语言束缚，可以更多地关注游戏的功能和逻辑。

6.3.1 程序代码

```python
# 导入 Pygame
from tkinter import *
import Pygame


# 导入音乐文件
music = "白杨礼赞 .mp3"    # 注意！这里面是你下载在文件夹里的音
                          # 乐文件名称
root = Tk()    # 音频播放器的名称为 "tk"


# 定义播放
def play():
```

```
    file = music

    Pygame.mixer.init()    # 初始函数

    Pygame.mixer.music.load(file)    # 加载本地文件

    Pygame.mixer.music.play()    # 播放音乐
# 定义停止
def stop():

    Pygame.mixer.music.stop()    # 停止音乐


# 设置"播放"命令

b1 = Button(root, text="播放", width=20, command=play)
# 按钮表示播放的意思，按钮的宽度是20
b1.grid(row=0, column=0, padx=10, pady=10)    # 行为0，列
# 为0，设定像素水平边距为10，像素垂直边距为10


# 设置"停止"命令

b4 = Button(root, text="停止", width=20, command=stop)
# 按钮表示停止的意思，按钮的宽度是20
b4.grid(row=1, column=0, padx=10, pady=10,
        columnspan=3)    # 行为1，列为0，设定像素水平边距为10，
                         # 像素垂直边距为10，跨距为3


# 设置"退出"命令

b5 = Button(root, text="退出", width=20, command=root.
    destroy)    # 按钮表示退出的意思，按钮的宽度是20
```

```
b5.grid(row=2, column=0, padx=10, pady=10,
        columnspan=3)  #行为2，列为0，设定像素水平边距为10，
                       #像素垂直边距为10，跨距为3

root.mainloop()
```

6.3.2　运行程序

打开安装好的 Pygame 软件，光标落在第一个文件夹上并右击，选择 New 命令，再选择新建一个 Python 文件，并给该文件命名为"白杨礼赞"，如图 6-5 所示。

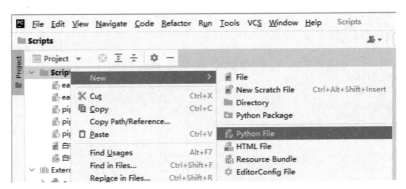

图 6-5　新建 Python 文件

打开建立好的"白杨礼赞 .py"文件，将 6.3.1 节中的代码输入该文件，如图 6-6 所示。

```
白杨礼赞.py ×
1    from tkinter import *                                  Reader Mode
2    import pygame
3
4    music = "白杨礼赞.mp3"    #注意！这里面是你下载在文件夹里的音乐文件名称
5
6    root = Tk()
7
8    def play():
9        file = music
10       pygame.mixer.init()
11       pygame.mixer.music.load(file)    #加载本地文件
12
13       pygame.mixer.music.play()    #播放音乐
14
15   def stop():
16       pygame.mixer.music.stop()    #停止音乐
17
18   b1 = Button(root, text="播放", width=20, command=play)
19   b1.grid(row=0, column=0, padx=10, pady=10)
20
21   b4 = Button(root, text="停止", width=20, command=stop)
22   b4.grid(row=1, column=0, padx=10, pady=10, columnspan=3)
23
```

图 6-6　输入代码

将 "白杨礼赞" 的 MP3 音频添加到与 "白杨礼赞 .py" 文件的同一文件夹下，如图 6-7 所示。注：如果不在同一文件夹，会导致 tk 窗口内播放不出音频。

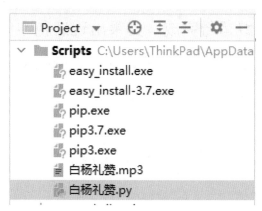

图 6-7　添加音频

将光标移到 Python 文件中，右击选择 Run 命令，运行代码，等待 tk 窗口，如图 6-8 所示。

91

图 6-8　运行"白杨礼赞 .py"

最终会弹出如图 6-9 所示的 tk 音频播放器的效果。

图 6-9　音频播放器效果

同时，页面下方的运行显示框内会呈现出如图 6-10 所示的提示语，表示已经运行完成。如果出现红色字体的文字，说明还有需要修改的地方，此时需要同学们按照提示语完成相应修改再重新运行，运行步骤同上。

图 6-10　运行显示框显示运行成功

6.4 拓展训练

　　本章重点学习了如何播放一个音频文件，音频播放器中还有随机播放的操作命令没有涉及。请同学们在认真复习 6.3.1 节程序代码的基础上，试着学习如何添加两个音频文件。

第7章
中英文互译

同学们，又到了学习关于编程新知识的时候了。《钢铁是怎样炼成的》作为八年级的名著导读篇目，是大家必须仔细阅读的外国名著之一，在阅读时大家会选择中文版还是英文版呢？

7.1 中英文《钢铁是怎样炼成的》节选

作者奥斯特洛夫斯基以自身生活经历为基本素材撰写了《钢铁是怎样炼成的》一书，其中在阅读"人最宝贵的是生命，生命属于人只有一次，人的一生应当这样度过：当他回首往事时，不会因为碌碌无为、虚度年华而悔恨，也不会因为为人卑劣、生活庸俗而愧疚。"这部分内容时，你一定也和作者一样感受到了生命的力量，让我们尝试用自己的力量来把这段翻译成英文，一起来看看用英文是如何表达的吧！

接下来同学们看看这段话 "The beauty of a man does not lie in his appearance, clothes and hairstyle, but in himself and in his heart. If a man does not have the beauty of his soul, we often detest his beautiful appearance." 是在描述《钢铁是怎样炼成的》中的哪一个场景呢？我们一起把它翻译成中文吧！

7.2 案例：中英文翻译模块

7.2.1 编程前准备

通过前面几章的学习，我们已经学会了如何安装 Python 并且掌握了一些基本的编程知识，在 Python 中可以使用 if-else 语句来实现翻译中是中译英或是英译中的功能，下面让我们来一起为实现《钢铁是怎样炼成的》中英文互译来学习一些基本内容。

1. 安装 google_trans_new 库

（1）google_trans_new 库相关知识。

google_trans_new.py 模块主要包含 google_new_trans Error(Exception) 和 google_translator 两个类。

google_translator 类的方法如下。

① 构造方法：

```
__init__(self, url_suffix="cn", timeout=5,
         proxies=None)
```

参数：

- url_suffix：指定谷歌翻译地址，默认值为 cn。
- timeout：指定超时时间，默认值为 5。
- proxies：指定代理。

② 请求构造方法：

```
_package_rpc(self, text, lang_src='auto',
             lang_tgt='auto')
```

参数：

- text：待翻译文本。
- lang_src：翻译文本源语言，默认值为 auto，即自动。
- lang_tgt：翻译文本目标语言，默认值为 auto，即自动。

返回值：请求字符串。

③ 翻译方法：

```
translate(self, text, lang_tgt='auto',
```

```
lang_src='auto', pronounce=False)
```

参数：

- text：待翻译文本。用于调用 _package_rpc() 方法构造请求。

- lang_src：翻译文本源语言，默认值为 auto，即自动。用于调用 _package_rpc() 方法构造请求数据。

- lang_tgt：翻译文本目标语言，默认值为 auto，即自动。用于调用 _package_rpc() 方法构造请求数据。

- pronounce 是否返回发音。

返回值：翻译结果。

大致流程：

- 检测翻译语言参数是否合法，不合法设置为默认值。

- 检测文本是否超过 5000 字符，超过则提示异常。

- 通过 _package_rpc() 构造请求数据。

- 通过 requests 库返回请求结果。

④ 解析请求结果。

语言检测方法：

```
detect(self, text)
```

参数：

- text：待检测文本。

返回值：检测结果。

（2）打开运行命令符安装 google_trans_new 库。

按 Windows+R 组合键运行命令，输入"pip install google_trans_new"命令安装 google_trans_new 库，如图 7-1 所示。

```
D:\Python\src\day01>pip install google_trans_new
```

安装 google_trans_new 库

库

关知识

urllib 的基础上开发而来，它使用 Python

用了 Apache License 2（一种开源协议）的

相比，Requests 更加方便、快捷，因此在编

sts 库使用较多。requests 库的作用就是请求

。其主要功能有发起基本 GET 请求并传入

请求并提交请求体、获取 JSON 数据、图片

求方法。

et。

GET 请求，表示向网站发起请求，获取页面

```
uests.get(url,headers=headers,params,timeout)
```

99

参数说明

url：要抓取的 URL 地址。

headers：用于包装请求头信息。

params：请求时携带的查询字符串参数。

timeout：超时时间，超过时间会抛出异常。

② requests.post。

该方法用于 POST 请求，先由用户向目标 URL 提交数据，然后服务器返回一个 HttpResponse 响应对象。

语法：

```
response=requests.post(url,data={ 请求体的字典 })
```

（2）对象属性。

当我们使用 requests 模块向一个 URL 发起请求后会返回一个 HttpResponse 响应对象，该对象具有以下常用属性，如表7-1所示。

表 7-1　HttpResponse 响应对象属性

常用属性	说明
encoding	查看或者指定响应字符编码
status_code	返回 HTTP 响应码
url	查看请求的 URL 地址
headers	查看请求头信息
cookies	查看 cookies 信息
text	以字符串形式输出
content	以字节流形式输出，若要保存下载图片，需使用该属性

2）打开运行命令符安装 requests 库

按 Windows+R 组合键运行命令，输入"pip install requests"命令，安装 requests 库，如图 7-2 所示（在 Python 环境目录下输入命令）。

图 7-2　安装 requests 库

3. Python 中的 if-else 和 elif 条件语句

在 Python 中，可以使用 if-else 语句对条件进行判断，然后根据不同的结果执行不同的代码，这称为选择结构或者分支结构。Python 中的 if-else 语句可以细分为三种形式，分别是 if 语句、if-else 语句和 if-elif-else 语句，它们的语法和执行流程如表 7-2 所示。

表 7-2　if-else 分支语句的三种形式

语法格式	执行流程
if 表达式： 　　代码块	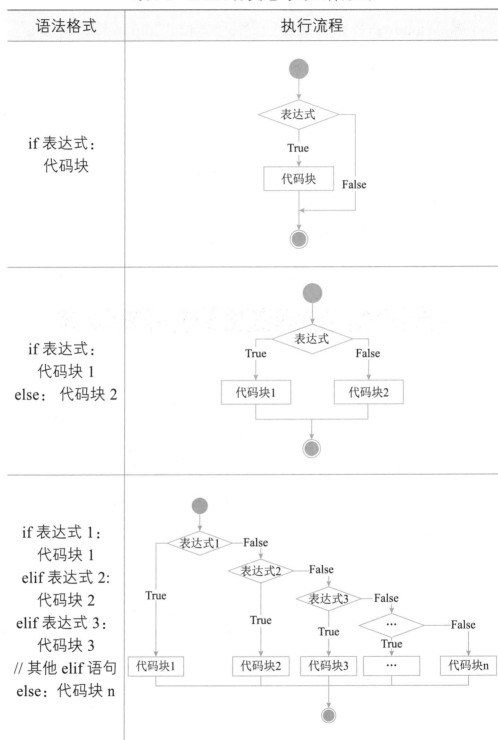
if 表达式： 　　代码块 1 else：　代码块 2	
if 表达式 1： 　　代码块 1 elif 表达式 2： 　　代码块 2 elif 表达式 3： 　　代码块 3 // 其他 elif 语句 else：代码块 n	

以上三种形式中，第二种和第三种形式是相通的，如果第三种形式中的 elif 块不出现，就变成了第二种形式。另外，elif 和 else 都不能单独使用，必须和 if 一起出现，并且要正确配对。if 关键字和表达式以冒号结尾，在"表达式"中引入了一些条件表达式，该条件表达式应该返回布尔值，即 True 或 False，根据结果值执行对应的流程。如果需要判断的条件较多，可使用 elif 语句添加在 if 和 else 块之间，根据需要添加相应的表达式及代码块。

7.2.2　算法设计

使用 while 循环语句和 if-else 判断语句，提供中译英、英译中和退出三种用户选择判断方式。导入 Python 的 google_trans_new 库中的 google_translator() 函数执行中英文互译操作。google_trans_new 库是谷歌翻译库，可以执行任何语言的互译工作，下面以中英文互译为例。首先构造 google_translator 类实例 translator，并设定超时时间 timeout 为 10s，防止与谷歌翻译库链接超时导致的函数报错问题。将我们要翻译的文段放在一个实例化对象 sample 中，使用实例调用 translate 方案，并指定待翻译文本、翻译目标语言。目标语言是中文时，参数为 zh-cn；是英文时，参数为 en。

将 sample 实例化为"人最宝贵的是生命，生命属于人只有一次，人的一生应当这样度过：当他回首往事时，不会因为碌碌无为、虚度年华而悔恨，也不会因为为人卑劣、生活庸俗而愧疚。"，通过我们的方法，将其翻译成英文为"More

the most precious thing is life, life belongs to people only once, people's life should spend this way: When he looks back, it will not regret because of the unusual, and it will not be despicable and vulgar. Just jealous."。

将 sample 实例化为 "The beauty of a man does not lie in his appearance, clothes and hairstyle, but in himself and in his heart. If a man does not have the beauty of his soul, we often detest his beautiful appearance." 通过我们的方法，将其翻译成中文为 "一个人的美丽不在他的外表、衣服和发型中，但在他本身和他的心里。如果一个人没有美丽的灵魂，我们往往厌恶他美丽的外表"。

7.3　编写程序及运行

在了解了 google_trans_new 库相关知识、requests 库相关知识、Python 中的 if-else 语句的三种细分形式及其语法和执行流程后，下面就来尝试编写程序，看看是否能运行成功吧！

7.3.1　程序代码

```
# 导入谷歌翻译接口工具
from google_trans_new import google_translator
# 实例化翻译对象
```

```python
translator = google_translator(timeout=10)
while 1:
    n = input("请选择：1 中译英 2 英译中 3 退出 : ")
    if n == '1':
        # 获得输入内容
        content = input("请输入要翻译的内容：")
        # 翻译成英文
        translations = translator.translate([content],
                        'en')
        # 输出翻译结果
        print("翻译结果;%s" % (translations))
    elif n == '2':
        # 获得输入内容
        content = input("请输入要翻译的内容：")
        # 翻译成中文
        translations = translator.translate([content],
                        'zh-cn')
        # 输出翻译结果
        print("翻译结果;%s" % (translations))
    elif n == '3':
        # 退出
        print("感谢使用！")
        break
    else:
        print("输入有误！")
```

通过计算机中的"开始"按钮，找到计算机中安装好的 Python 程序，双击启动运行 Visual Studio Code 编辑器，如图 7-3 所示。

图 7-3　启动 Python 程序的编程窗口

在 Visual Studio Code 编辑器的编程窗口中输入 7.3.1 节中的相应代码，调试运行该程序，如图 7-4 所示。

图 7-4　调试运行程序

运行结果如图 7-5 ～ 图 7-9 所示。

图 7-5　进入界面并选择翻译模式

```
请选择: 1 中译英 2 英译中 3 退出 : 1
请输入要翻译的内容: 人最宝贵的是生命, 生命属于人只有一次, 人的一生
应当这样度过: 当他回首往事时, 不会因为碌碌无为, 虚度年华而悔恨, 也
不会因为为人卑劣, 生活庸俗而愧疚。
翻译结果;['More the most precious thing is life, life belongs to pe
ople only once, people's life should spend this way: When he looks
back, it will not regret because of the unusual, and it will not be
 despicable and vulgar. Jealous. ']
```

图 7-6 中译英

```
请选择: 1 中译英 2 英译中 3 退出 : 2
请输入要翻译的内容: The beauty of a man does not lie in his appear
ance, clothes and hairstyle, but in himself and in his heart. If a
 man does not have the beauty of his soul, we often detest his bea
utiful appearance.
翻译结果;['一个男人的美丽不躺在他的外表, 衣服和发型中, 但在他自己
和他的心里。 如果一个人没有他灵魂的美丽, 我们经常厌恶他美丽的外表
请选择: 1 中译英 2 英译中 3 退出 : []
```

图 7-7 英译中

```
请选择: 1 中译英 2 英译中 3 退出 : 3
感谢使用!
```

图 7-8 退出使用

```
请选择: 1 中译英 2 英译中 3 退出 : 5
输入有误!
```

图 7-9 试误操作

7.4 拓展训练

翻译不单纯是两种语言在形式上的转换,更是两种不同文化间的交流碰撞。请大家在 7.3.1 节程序代码的基础上灵活使用代码,尝试导入 youdao_trans_new 库再将《钢铁是怎样炼成的》中的部分节选进行翻译试一试。

(1)中译英:生活赋予我们的一种巨大的和无限高贵的礼品,这就是青春:充满着力量,充满着期待、志愿,充满着

求知和斗争的志向，充满着希望、信心的青春。

（2）英译中：Life takes such strange turns that you begin to wonder sometimes. I have had a bad time of it these past few days. I did not know how I could go on living. Life had never seemed so black. But today I held a meeting of my own private 'political bureau' and adopted a decision of tremendous importance. Don't be surprised at what I have to say.

第8章
网络爬虫

　　同学们在课堂中都学习了《苏州园林》这篇课文了吧，相信大家都感受到了苏州园林的别样魅力，那么我们怎么收集苏州园林的相关资料呢？本章将通过学习和理解网络爬虫程序的基本概念，掌握网络爬虫的基本编程方法，一起来收集苏州园林的资料吧。

8.1 《苏州园林》课程资料收集

课文节选：设计者和匠师们因地制宜，自出心裁，修建而成的园林，当然各个不同。可是苏州各个园林在不同之中又有共同点——似乎设计者和匠师们一致追求的是：务必使游览者无论站在哪个点上，眼前总是一幅完美的图画。为了达到这个目的，他们讲究亭台轩榭的布局，讲究假山池沼的配合，讲究花草树木的映衬，讲究近景远景的层次。

看了这段文字，相信大家都想更加直观地感受一下苏州园林的魅力了，我们可以借助网络爬虫程序去搜集苏州园林的图片素材，下面我们一起来学习吧。

8.2 案例：作文中的素材收集

8.2.1 编程前准备

在 Python 中可以使用爬虫来进行图形抓取。在使用之前，先学习一下关于爬虫的相关知识。

爬虫（Spider 或 Crawler）的基本功能是从一个或若干初始网页的 URL 开始，先获得初始网页上的 URL，不断从当前页面上抽取新的 URL 放入队列，抓取网页，直到满足一定的停

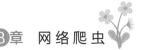

止条件。更专业的爬虫的工作流程较为复杂。例如，聚焦爬虫，根据一定的网页分析算法过滤与主题无关的链接，保留有用的链接并将其放入待抓取的 URL 队列，然后根据一定的搜索策略从队列中选择下一步要抓取的网页 URL，并重复上述过程，直到满足某一条件时停止。所有抓取到的网页会被系统存储起来，进行一定的分析、过滤，并建立索引，以便之后的查询和检索；这一过程所得到的分析结果还可能对以后的抓取过程给出反馈和指导。为了提高爬行速度，会采取并行爬行方式。并行爬行时，网络爬虫通常采用三种方式：独立方式（各个爬虫独立爬行页面，互不通信）、动态分配方式（由一个中央协调器动态协调分配 URL 给各个爬虫）、静态分配方式（URL 事先划分给各个爬虫）。

1. 相关知识

爬虫是在 Internet 上进行工作的，那么我们就需要了解 URL，也叫"统一资源定位器"或"链接"。其结构主要由以下三部分组成。

（1）协议：如我们在网址中常见的 HTTP。

（2）域名或者 IP 地址：域名，如 www.baidu.com；IP 地址，即将域名解析后对应的 IP。

（3）路径：即目录或者文件等。

2. urllib 和 request

① urllib.request 模块：用于实现基本的 HTTP 请求。

命令语句：urllib.request.urlopen()

具体用法：urllib.request.urlopen(url,data=None,[timeout,]*, cafile=None,capath=None, cadefault=False, context=None)

参数详解：

url：需要打开的链接，可以是字符串或者是 Request 对象。

Data：必须是一个定义了向服务器所发送额外数据的对象，或者如果没有必要数据的话，就是 None 值。

url.request 模块在 HTTP 请求中使用了 HTTP/1.1，并且包含了 Connection：close 头部。

timeout：可选参数，用于指定阻止诸如连接尝试等操作的超时时间（以秒为单位）（如果未指定，将使用全局默认超时设置）。

如果指定了 context，则它必须是描述各种 SSL 选项的 ssl. SSLContext 实例。

cafile 和 capath：均为可选参数，用于为 HTTPS 请求指定一组可信的 CA 证书。cafile 应指向包含一系列 CA 证书的单个文件，而 capath 应指向散列证书文件的目录。

② urllib.error 模块：用于异常处理。如在发送网络请求时出现错误，用该模块捕捉并处理。

③ urllib.parse 模块：用于解析。

④ urllib.robotparser: 用于解析 robots.txt 文件，判断是否可以爬取网站信息 ①。

---

① 猴小啾 . Python 爬虫 urllib 模块详解 [EB/OL]. https://blog.csdn.net/weixin_48964486/article/details/122475458，2022-5-18.

8.2.2 算法设计

1. 复杂的网络请求

urllib.request.Request(url, data=None, headers={},

origin_req_host=None, unverifiable=False, method=None)

url：访问网站的完整 URL 地址。

data：默认为 None，表示请求方式为 GET 请求；如果需要实现 POST 请求，需要字典形式的数据作为参数。

headers：设置请求头部信息，字典类型。

origin_req_host：用于设置请求方的 host 名称或者 IP。

unverifiable：用于设置网页是否需要验证，默认值为 False。

method：用于设置请求方式，如 GET 请求、POST 请求。

2. 步骤

第一步：先找到自己想要获取数据的地址路径，也就是 URL。

第二步：将 URL 放入待抓取的 URL 队列。

第三步：读取待抓取 URL 队列中的 URL，解析它的 DNS，并且得到服务器的 IP，将 URL 对应的网页下载下来，存储进已下载的网页库中。此外，将这些 URL 放进已抓取的 URL 队列。

第四步：分析已抓取 URL 队列中的 URL，从已下载的网页数据中分析出其他 URL，并和已抓取的 URL 进行比较去重，最后将去重过的 URL 放入待抓取的 URL 队列，从而进入下一个循环①。

3. 解析 URL

urllin 模块提供了 parse 子模块用来解析 URL。

8.3　编写程序及运行

8.3.1　程序代码

```
import os

import time

import re

import urllib.request

def get_html(httpUrl): # 获取网页源码

    page = urllib.request.urlopen( httpUrl )# 打开网页

    htmlCode = page.read( )# 读取网页

    return htmlCode

def get_keyword_urllist(keyword): # 爬取当前关键词下的图片
                                  # 地址
```

---

①　ClintonZero. Python 简单爬虫代码——Python 爬虫——写出最简单的网页爬虫 [EB/OL].https://blog.csdn.net/Dulpee/article/details/84887164，2022-1-26.

```
    keyword=urllib.parse.quote(keyword)#URL 只允许一部分
#ASCII 字符，其他字符（如汉字）是不符合标准的，此时就要进行编码
    search_url=search_url+keyword                # 加上关键字
    html_code=get_html(search_url)
    html_str=html_code.decode(encoding = "utf-8")# 将二进
# 制码解码为 UTF-8 编码，即 str
    reg_str = r'"objURL": "(.*?)", # 正则表达式
    reg_compile = re.compile(reg_str)#objURL 是百度将真实地
                                    # 址编码后的结果
    pic_list = reg_compile.findall(html_str)
    return pic_list
keyword=input("请输入搜索关键字：")
pic_list=get_keyword_urllist(keyword)
number=input("请输入爬取的图片数量：")
x=0
for pic in pic_list:
        print(pic)
        name = keyword+str(x)
        time.sleep(0.01)
        urllib.request.urlretrieve(pic, './images/%s.
        jpg' %name)                       # 将远程数据下载到本地
        x += 1
        if(x==int(number)):
        os._exit(0)# 退出程序
```

8.3.2 运行程序

通过计算机中的"开始"按钮找到计算机中安装好的 Python 程序，单击 IDLE(Python) 启动编程窗口，如图 8-1 所示。

图 8-1　启动 Python 程序的编程窗口

在 Python 的编程窗口中输入 8.3.1 节中的相应代码，并选择菜单上的 Run → Run Module 命令，或直接按 F5 快捷键，完成保存文件操作后，调试运行该程序，如图 8-2 所示。

```
88.py - C:/Users/76574/Desktop/8888/88.py (3.10.1)                    —    □    ×
File Edit Format Run Options Window Help
import re                 Run Module        F5
import urllib.r
                         Run... Customized  Shift+F5
def get_html(ht          Check Module      Alt+X
        page =           Python Shell              er1)#打开网页
        htmlCode = page.read( )#读取网页
        return htmlCode

def get_keyword_urllist(keyword):#爬取当前关键词下的图片地址
        keyword=urllib.parse.quote(keyword)#URL只允许一部分ASCII字符，其他字符（
        search_url="http://image.baidu.com/search/flip?tn=baiduimage&ipn=r&ct=20
        search_url=search_url+keyword          #加上关键字
        html_code=get_html(search_url)
        html_str=html_code.decode(encoding = "utf-8")#将二进制码解码为UTF-8编码，
        reg_str = r'"objURL":"(.*?)",'          #正则表达式
        reg_compile = re.compile(reg_str)#objURL是百度将真实地址编码过后的结果
        pic_list = reg_compile.findall(html_str)
        return pic_list


keyword=input("请输入搜索关键字：")
pic_list=get_keyword_urllist(keyword)
number=input("请输入爬取的图片数量：")
x=0
for pic in pic_list:
        print(pic)
        name = keyword+str(x)
        urllib.request.urlretrieve(pic, './images/%s.jpg' %name)#将远程数
        x += 1
        if(x==int(number)):
                break#结束程序
                                                        Ln: 33  Col: 0
```

图 8-2　运行代码窗口

根据运行提示输入搜索关键字"苏州园林"，爬取的图片数量为"3"，如图 8-3 所示。可得到如图 8-3 所示抓取的图片链接。单击链接即可查看爬虫所抓取的图片。

```
IDLE Shell 3.10.1                                    —    □    ×
File Edit Shell Debug Options Window Help
Python 3.10.1 (tags/v3.10.1:2cd268a, Dec  6 2021, 19:10:37) [MSC v.1929 64 bit (
AMD64)] on win32
Type "help", "copyright", "credits" or "license()" for more information.
>>>
================ RESTART: C:/Users/76574/Desktop/8888/88.py =================
请输入搜索关键字：苏州园林
请输入爬取的图片数量: 3
https://gimg2.baidu.com/image_search/src=http%3A%2F%2Fqqpublic.qpic.cn%2Fqq_publ
ic%2F0%2F0-2363493952-28D664FF2071B05DBD173C1DB8D08E92%2F0%3Ffmt%3Djpg%26size%3D
214%26h%3D506%26w%3D900%26ppv%3D1.jpg&refer=http%3A%2F%2Fqqpublic.qpic.cn&app=20
02&size=f9999,10000&q=a80&n=0&g=0n&fmt=jpeg?sec=1646049205&t=a2d7db19a8dbba9764d
03336a0283f82
https://gimg2.baidu.com/image_search/src=http%3A%2F%2Fclub2.autoimg.cn%2Falbum%2
Fg24%2FM08%2FB2%2F87%2Fuserphotos%2F2021%2F06%2F03%2F12%2F500_Chtk3WC4WXOABWifAA
LARk6uxzk922.jpg&refer=http%3A%2F%2Fclub2.autoimg.cn&app=2002&size=f9999,10000&q
=a80&n=0&g=0n&fmt=jpeg?sec=1646049205&t=77375b60ca3d921b5ab2ab9d5d16b58c
https://gimg2.baidu.com/image_search/src=http%3A%2F%2Fnimg.ws.126.net%2F%3Furl%3
Dhttp%3A%2F%2Fdingyue.ws.126.net%2F2021%2F0319%2F33dbd2a5j00qq7nio003hc000m800et
c.jpg%26thumbnail%3D650x2147483647%26quality%3D80%26type%3Djpg&refer=http%3A%2F%
2Fnimg.ws.126.net&app=2002&size=f9999,10000&q=a80&n=0&g=0n&fmt=jpeg?sec=16460492
05&t=b0db666afded5afc83ca7e69952e60de
>>>
                                                         Ln: 10 Col: 0
```

图 8-3　抓取到的图片

8.4　拓展训练

　　在《苏州园林》这篇课文中，除了描写园林的段落，还有描写建筑的部分。请同学们认真品味一下文中的意境，在 8.3.1 节爬虫程序代码的基础上，试着用爬虫抓取苏州园林中建筑的图片。

第 9 章
文本编辑器

同学们，表达与交流不仅是中学语文学习的重点，也是难点，大家都曾经遇到过这样的困扰吧，在写作的过程中有不少地方需要涂改，导致卷面不整洁，生活在信息时代，运用计算机写作是必不可少的技能，学习和理解计算机程序图形界面的基本概念，掌握图形界面的基本编程方法，了解图形界面的组件和编程方法，可以实现文本编辑，下面大家一起来学习一下吧。

9.1　作文《我的理想》

同学们写过一篇题为《我的理想》的作文，完成作文后都交给了老师修改，大家再根据老师的修改意见对作文重新进行修改完善，可是同学们有没有发现，在作文纸上进行写作及修改时，首先是涂改后并不美观，其次在修改过程中想要在正文中间添加语句时会遇到一些问题，如没有足够的空间添加，修改内容过多导致文面繁复不清等。怎么解决这些问题呢？我们可以利用计算机编程设计出一个文本编辑器，通过这个文本编辑器对作文内容进行修改，可以方便地进行作文内容的编辑及保存。下面我们结合计算机图形界面编程的相关知识，来学习一下如何制作文本编辑器，辅助我们进行作文的修改吧。

9.2　案例：编辑我的作文

9.2.1　编程前准备

Tkinter 模块 (Tk 接口) 是 Python 的标准 Tk GUI 工具包的接口。Tk 和 Tkinter 可以在大多数的 UNIX 平台下使用，同样可以应用在 Windows 和 macOS 里。Tk8.0 的后续版本可以实现本地窗口风格，并良好地运行在绝大多数平台中。

接下来，学习一下 Tkinter 模块的相关知识。

1. 创建窗口

在创建窗口时有以下两种方法。

```
import Tkinter

root = Tkinter.Tk()
```

或者

```
from Tkinter import *

root = Tk()
```

其中，import Tkinter 表示导入 Tkinter 库；而 from Tkinter import * 表示从 Tkinter 导入 *（*表示所有东西）。

2. 设置标题和大小以及窗口位置

```
from tkinter import *

root = Tk()

root.title("TkinterSimple")

width ,height= 600, 600              # 设置窗口大小

root.geometry('%dx%d+%d+%d' % (width,height,(root.winfo_screenwidth() - width ) / 2, (root.winfo_screenheight() - height) / 2))       # 窗口居中显示

    root.maxsize(600,600)            # 设置窗口最大值

    root.minsize(600,600)            # 设置窗口最小值
```

3. 绘图命令

1）Tkinter 组件

Tkinter 的库中提供各种控件，如按钮、标签和文本框等，可以在一个 GUI 应用程序中使用。这些控件通常被称为控件或者部件。Tkinter 组件如表 9-1 所示。

表 9-1　Tkinter 组件

控件	描述
Button	按钮控件，在程序中显示按钮
Canvas	画布控件，显示图形元素，如线条或文本
Checkbutton	多选框控件，用于在程序中提供复选框
Entry	输入控件，用于显示简单的文本内容
Frame	框架控件，在屏幕上显示一个矩形区域，多用来作为容器
Label	标签控件，可以显示文本和位图
Listbox	列表框控件，用来显示一个字符串列表给用户
Menubutton	菜单按钮控件，用于显示菜单项
Menu	菜单控件，显示菜单栏、下拉菜单和弹出菜单
Message	消息控件，用来显示多行文本，与 Label 比较类似
Radiobutton	单选按钮控件，显示一个单选的按钮状态
Scale	范围控件，显示一个数值刻度，为输出限定范围
Scrollbar	滚动条控件，当内容超过可视化区域时使用，如列表框
Text	文本控件，用于显示多行文本
Toplevel	容器控件，用来提供一个单独的对话框，和 Frame 比较类似
Spinbox	输入控件，与 Entry 类似，但是可以指定输入范围值
PanedWindow	窗口布局管理的插件，可以包含一个或者多个子控件
LabelFrame	简单的容器控件，常用于复杂的窗口布局
tkMessageBox	用于显示应用程序的消息框

2）Tkinter 标准属性

标准属性也就是所有控件的共同属性，如大小、字体和颜色等。Tkinter 库具体的标准属性如表 9-2 所示。

表 9-2　Tkinter 标准属性

属性	描述
Dimension	控件大小
Color	控件颜色
Font	控件字体
Anchor	锚点
Relief	控件样式
Bitmap	位图
Cursor	光标

3）Tkinter 组件坐标管理

窗口中的各组件需要我们自定义布局。组件的布局通常有三种方法：pack（顺序布局）、grid（行列布局）、place（坐标布局）。

（1）pack 坐标布局管理器。

pack 坐标布局管理器采用块的方式组织组件。pack 根据组件创建生成的顺序将子组件添加到父组件中，通过设置选项控制子组件的位置等。Pack() 方法具体属性及描述如表 9-3 所示。

表 9-3　pack 坐标布局管理器属性

属性	描述	取值范围
side	以父组件为基准，停靠的方向	top（默认值）、bottom、left、right
anchor	停靠对齐方式	对应东南西北中及四个角：n、s、w、e、center（默认值）、nw、sw、se、ne
fill	填充空间	x、y、both、none
expand	扩展空间	0、1
ipadx、ipady	组件在 x、y 方向上填充的空间大小	单位：c（厘米）、m（毫米）、i（英寸）、p（打印机的点）
padx、pady	组件外部在 x、y 方向上填充的空间大小	单位：c（厘米）、m（毫米）、i（英寸）、p（打印机的点）

（2）grid 坐标布局管理器。

grid 坐标布局管理器采用控制行列的方式组织组件。grid 坐标布局采用表格形式的布局，可以实现复杂的页面。Grid() 方法具体属性及描述如表 9-4 所示。

表 9-4　grid 坐标布局管理器属性

属性	描述	取值范围
column	单元格列号	从 0 开始的正整数
columnspan	列跨度	正整数
row	单元格行号	从 0 开始的正整数
rowspan	行跨度	正整数
ipadx、ipady	组件在 x、y 方向上填充的空间大小	单位：c（厘米）、m（毫米）、i（英寸）、p（打印机的点）
padx、pady	组件外部在 x、y 方向上填充的空间大小	单位：c（厘米）、m（毫米）、i（英寸）、p（打印机的点）
sticky	组件紧贴单元格东南西北中及四个角	n、s、w、e、center（默认值）、nw、sw、se、ne，可以紧贴多个边角，如 tk.n+tk.s

（3）place 坐标布局管理器。

place 坐标布局管理器允许指定组件的大小与位置。place() 方法的优点是可以精确控制组件的位置，不足之处是改变窗口大小时，子组件不能随之灵活改变大小。Place() 方法具体属性及描述如表 9-5 所示。

表 9-5　place 坐标布局管理器属性

属性	描述	取值范围
x，y	绝对坐标	从 0 开始的正整数
relx，rely	相对坐标	取 0.0 ~ 1.0 中的值
width，height	宽和高的绝对值	正整数，单位为 px
relwidth，relheight	宽和高的相对值	取 0.0 ~ 1.0 中的值
anchor	对齐方式，对应东南西北中及四个角	n、s、w、e、center(默认值)、nw、sw、se、ne

此外，除了使用 Tkinter 模块后，在学习图形编程时，也可使用 GUI 库 wxPython 和 Jython 来编写程序，完成编程。wxPython 是一款开源软件，是 Python 语言的一套优秀的 GUI 图形库，允许 Python 程序员很方便地创建完整的、功能健全的 GUI 用户界面。Jython 程序可以和 Java 无缝集成。除了一些标准模块，Jython 使用 Java 的模块。Jython 几乎拥有标准的 Python 中不依赖于 C 语言的全部模块。例如，Jython 的用户界面将使用 Swing、AWT 或者 SWT。Jython 可以被动态或静态地编译成 Java 字节码。

9.2.2 算法设计

用 Python 的 Tkinter 模块可以提供丰富的窗口组件。Tkinter 库是 Python 语言中一个图形开发界面的库，在开发图形界面时首先要创建一个窗口，设置窗口的标题和大小以及窗口位置，再根据功能需求在其中加入用到的组件。

在本次程序设计中，为了通过文本编辑器完成作文的修改，首先要创建一个展示作文并方便修改的图形界面窗口，在窗口中读取出已有的作文初稿文件，并利用文本框将作文的内容展示出来，再在文本框中对作文初稿进行修改，最后将修改后的作文内容保存至原文件中。

9.3 编写程序及运行

9.3.1 程序代码

```python
import tkinter
import tkinter.messagebox
from tkinter import filedialog
# 导入 tkinter 库


win = tkinter.Tk()   # 创建窗口
win.title(' 文本编辑器 ')    # 设置标题
```

```
file_path=""


def do_open():   # 打开文件

    global file_path

    file_path = filedialog.askopenfilename(title=u' 选择
    文件 ')    # 文件选择框，获取文本框的内容

    with open(file_path,encoding='utf-8') as fr:# 打开文件

        content = fr.read()    # 一次性读取文件内容，对大文件
                               # 不宜使用

        text.delete(0.0, tkinter.END)    # 清空文本框内容

        text.insert(tkinter.END, content)    # 在光标后插入内容


def do_save(): # 保存文件

    global file_path

    content = text.get(0.0, tkinter.END)    # 获取文本框内容

    with open(file_path, 'w',encoding='utf-8') as fw:

        fw.write(content)


btn_open = tkinter.Button(win, text=' 打开 ', command=do_
open)  # 创建按钮用于打开文件

btn_save = tkinter.Button(win, text=' 保存 ', command=do_
save)  # 创建按钮用于保存文件


# 放置按钮

btn_open.pack()
```

```
btn_save.pack()


# 创建多行文本框，用于编辑文件

text = tkinter.Text(win)

text.pack()



win.mainloop()    # 进入消息循环
```

9.3.2　运行程序

通过计算机中的"开始"按钮找到计算机中安装好的
Python 程序，单击 IDLE(Python) 启动编程窗口，如图 9-1 所示。

图 9-1　启动 Python 程序的编程窗口

在 Python 的编程窗口中输入 9.3.1 节中的相应代码，并选
择菜单上的 Run → Run Module 命令，或直接按 F5 快捷键，完
成保存文件操作后，调试运行该程序，如图 9-2 所示。

图 9-2　调试运行程序

可得到如图 9-3 所示的图形界面。

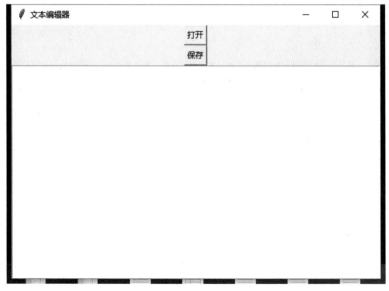

图 9-3　图形界面

单击"打开"按钮，则可以将选择打开的文件中的内容读取到文本框内，如图 9-4 所示。

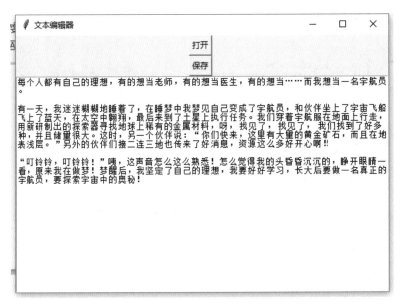

图 9-4　单击"打开"按钮程序运行

在文本框中对内容进行编辑，再单击"保存"按钮，编辑过后的内容将会保存进原文件中，如图 9-5 所示。

图 9-5　文本框编辑

9.4 拓展训练

文贵修改，在写作过程中我们需要细细打磨才能得到一篇好的作文，而打磨的过程中则需要不停地去修改，才能得到一篇好的文章，为了实现更加实用丰富且功能多元化的文本编辑器，请同学们思考一下文本编辑器还需要哪些功能呢？在 9.3.1 节的程序代码的基础上，试着给文本编辑器增加一两个功能，同时，给图形界面增加一些色彩，让整个文本编辑器变得更加实用美观。

第 10 章
词句频度分析

同学们对中国古典四大名著并不陌生,名著中的关键人物是谁,主要情节和主要内容是什么, 大家都知道吗? 这节课我们通过学习 Python 的相关知识, 使用 jieba 模块来对四大名著进行分析, 初步学习词句的频度分析。

10.1 四大名著阅读代表《三国演义》

同学们好，《三国演义》是罗贯中根据陈寿的《三国志》和裴松之注解及民间三国故事传说，经过艺术加工创作的长篇章回体历史演义小说。全文可大致分为黄巾起义、董卓之乱、群雄逐鹿、三国鼎立、三国归晋五大部分，描写了从东汉末年到西晋初年之间近百年的历史风云，讲述了东汉末年的群雄割据混战和魏、蜀、吴三国之间的政治和军事斗争，最终司马炎一统三国，建立晋朝的故事。反映了三国时代各类社会斗争与矛盾的转化，并概括了这一时代的历史巨变，塑造了一群叱咤风云的三国英雄人物。词语在小说中出现的次数，在一定程度上可以反映该词语在小说中的重要性，可以据此推出谁是故事中的关键人物。同学们在读《三国演义》时，一定很想知道该作品中常见的词句是什么，如果可以通过计算机编程来进行词句频度的分析，将有助于加深对小说的理解。

下面我们结合词频分析编程的相关知识来学习一下如何分析《三国演义》中的词句频度吧。

10.2　案例：为《三国演义》构建词云

10.2.1　编程前准备

1.词频分析

在 Python 中可以使用 jieba 模块来进行文本分词。在使用之前，先学习一下 jieba 模块的相关知识。

1）基本知识

（1）jieba 库概述。

jieba 是优秀的中文分词第三方库：

① 中文文本需要通过分词获得单个词语；

② jieba 是优秀的中文分词第三方库，需要额外安装；

③ jieba 库提供三种分词模式,最简单的只须掌握一个函数。

（2）jieba 分词的原理。

jieba 分词依靠中文词库：

① 利用一个中文词库，确定汉字之间的关联概率；

② 汉字间概率大的组成词组，形成分词结果；

③ 除了分词，用户还可以添加自定义的词组。

2）jieba 库使用说明

（1）jieba 分词的三种模式。

① 精确模式：把文本精确地切分开，不存在冗余单词。

② 全模式：把文本中所有可能的词语都扫描出来，有冗余。

③ 搜索引擎模式：在精确模式的基础上，对长词再次切分。

（2）jieba 库常用函数，如表 10-1 所示。

表 10-1　jieba 库常用函数

函数	描述
jieba.cut(s)	精确模式，返回一个可迭代的数据类型
jieba.cut(s, cut_all=True)	全模式，输出文本 s 中所有可能的单词
jieba.cut_for_search(s)	搜索引擎模式，适合搜索引擎建立索引的分词结果
jieba.lcut(s)	精确模式，返回一个列表类型，建议使用
jieba.lcut(s, cut_all=True)	全模式，返回一个列表类型，建议使用
jieba.lcut_for_search(s)	搜索引擎模式，返回一个列表类型，建议使用
jieba.add_word(w)	向分词词典中增加新词 w

2. 形成词云

wordcloud 是优秀的词云展示第三方库，以词语为基本单位，通过图形可视化的方式，更加直观和艺术地展示文本。

1）基本使用

（1）wordcloud 库把词云当作一个 WordCloud 对象。

（2）wordcloud.WordCloud() 代表一个文本对应的词云。

（3）可以根据文本中词语出现的频率等参数绘制词云。

（4）绘制词云的形状、尺寸和颜色均可设定。

（5）以 WordCloud 对象为基础，配置参数、加载文本、输出文件。

2）常规方法

常规方法如表 10-2 所示。

表 10-2 常规方法

方法	描述
w.generate()	向 WordCloud 对象中加载文本 txt >>>w.generate("Python and WordCloud")
w.to_file(filename)	将词云输出为图像文件，.png 或 .jpg 格式 >>>w.to_file("outfile.png")

3）将文本转换为词云

（1）分隔：以空格分隔单词。

（2）统计：单词出现次数并过滤。

（3）字体：根据统计配置字号。

（4）布局：颜色环境尺寸。

4）配置图像参数

（1）Width：指定词云对象生成图片的宽度，默认为 400px。

```
w=wordcloud.WordCloud(width=600)
```

（2）Height：指定词云对象生成图片的高度，默认为 200px。

```
w=wordcloud.WordCloud(height=400)
```

（3）min_font_size：指定词云中字体的最小字号，默认为 4 号。

```
w=wordcloud.WordCloud(min_font_size=4)
```

（4）max_font_size：指定词云中字体的最大字号，根据高度自动调节。

```
w=wordcloud.WordCloud(max_font_size=20)
```

（5）font_step：指定词云中字体字号的步进间隔，默认为 1。

```
w=wordcloud.WordCloud(font_step=1)
```

（6）font_path：指定文本文件的路径，默认为 None。

```
w=wordcloud.WordCloud(font_path="msyh.ttc")
```

（7）max_words：指定词云显示的最大单词数量，默认为 200。

```
w=wordcloud.WordCloud(max_words=200)
```

（8）stop_words：指定词云的排除词列表，即不显示的单词列表

```
w=wordcloud.WordCloud(stop_words="Python")
```

（9）Mask：指定词云形状，默认为长方形，需要引用 imread() 函数。

```
from scipy.msc import imread
```

实例：mk=imread("pic.png")

（10）w=wordcloud.WordCloud(mask=mk)。

wordcloud.WordCloud() 代表一个文本对应的词云，可以根据文本中词语出现的频率等参数绘制词云，并且词云的形状、尺寸和颜色都可以设定。该库以 WordCloud 对象为基础进行参数配置、文本加载、文件输出等操作。

（11）background_color：指定词云图片的背景颜色，默认

为黑色。

```
w=wordcloud.WordCloud(background_color="white")
```

3. 生成图像

在 Python 中可以使用 PIL 模块来进行词频分析的图像生成。在使用之前，先学习一下 PIL 模块的相关知识。

1）基本内容

（1）PIL（Python Image Library）库是 Python 语言的第三方库，具有强大的图像处理能力，不仅包含丰富的像素、色彩操作功能，还可以用于图像的归档和批量处理。

（2）PIL 库主要有以下两方面的功能。

① 图像归档：对图像进行批处理、生产图像预览、图像格式转换等。

② 图像处理：图像基本处理、像素处理、颜色处理等。

根据功能的不同，PIL 库包括 21 个与图片相关的类，这些类可以被看作子库或 PIL 库中的模块。

2）PIL 库使用说明

（1）PIL 库的引用（调用）。

```
>>>from PIL import Image
```

（2）Image 类图像读取和创建方法。

Image 类图像读取和创建方法如表 10-3 所示。

表 10-3　Image 类图像读取和创建方法

方法	说明
Image.open(filename)	加载图像文件
Image.new(mode,size,color)	根据给定参数创建新图像
Image.open(StringIO.StringIO(buffer))	从字符串中获取图像
Image.frombytes(mode,size,color)	根据像素点创建新图像
Image.verify()	对图像完整性进行检查，返回异常

3）Image 类的常用属性

Image 类的常用属性如表 10-4 所示。

表 10-4　Image 类的常用属性

方法	说明
Image.format	图像格式或来源，若图像不是从文件读取，返回 None
Image.mode	图像的色彩模式，L 为灰度模式，RGB 为真彩色图像，"C(青)M(品红)Y(黄)K(黑)"为出版图像
Image.size	图像的宽度和高度，单位是像素（px），返回值为元组类型
Image.palette	调色板属性，返回 ImagePalette 类型

10.2.2　程序设计流程

1. 读取文件

首先，打开文件，即

```
fn = open('sg.txt',encoding = "utf-8")
```

然后，读出整个文件，即

```
string_data = fn.read()
```

最后，关闭文件，即

```
fn.close()
```

2.文本预处理

首先，定义正则表达式匹配模式，即

```
pattern = re.compile(u'\t|\n|\.|-|:|;|\)|\(|\?|"')
```

然后，将符合模式的字符去除，即

```
string_data = re.sub(pattern, '', string_data)
```

3.将文本内容进行分词，为形成 word_counts 库做准备

首先，采用精确模式分词，即

```
seg_list_exact = jieba.lcut(string_data, cut_all = False)
```

其次，将它们进行列表处理，即

```
object_list = []
```

其中还需要建立自定义去除词，即

```
remove_words = [u'的', u',',u'和', u'是', u'随着', u'对于', u'对',u'等',u'能',u'都',u'。',u' ',u'、',u'中',u'在',u'了', u'通常',u'如果',u'我们',u'需要',u'孔明曰',u'玄德曰',u'不可',u'不能',u'左右',u'于是']
```

```
counts = {}
```

然后，循环读出列表中的分词，即

```
for word in seg_list_exact:
```

再者，排除单个字符的分词结果，即

```
if len(word) == 1:
```

```
continue
```

最后,将不在去除词库里的分词追加到列表中,即

```
elif word not in remove_words:

object_list.append(word)
```

4. 用 word_counts 库完成词频统计

首先,对分词作词频统计,即

```
word_counts = collections.Counter(object_list)
```

其次,获取前 30 最高频的词,即 word_counts_top30 = word_counts.most_common(30)

最后,输出并且检查,即 print (word_counts_top30)

5. 生成图形

用 PIL 库将 word_counts 库的统计结果生成图形。

10.3 编写程序及运行

10.3.1 程序代码

```
import jieba

from PIL import Image

import numpy as np

import os

import matplotlib.pyplot as plt

import re

from imageio import imread

from wordcloud import WordCloud

import collections # 词频统计库


# 读取文件

fn = open('sg.txt',encoding = "utf-8") # 打开文件

string_data = fn.read() # 读出整个文件

fn.close() # 关闭文件


# 文本预处理

pattern = re.compile(u'\t|\n|\.|-|:|;|\)|\(|\?|"')
```

```
                              # 定义正则表达式匹配模式
string_data = re.sub(pattern, '', string_data) # 将符合模式
                                                # 的字符去除


# 文本分词
seg_list_exact = jieba.lcut(string_data, cut_all = False)
                                          # 精确模式分词

object_list = []
remove_words = [u' 的 ', u', ',u' 和 ', u' 是 ', u' 随着 ',
u' 对 于 ', u' 对 ',u' 等 ',u' 能 ',u' 都 ',u' 。 ',u'  ',u' 、 ',u'
中 ',u' 在 ',u' 了 ',u' 通常 ',u' 如果 ',u' 我们 ',u' 需要 ',u' 孔 明
曰 ',u' 玄德曰 ',u' 不可 ',u' 不能 ',u' 左右 ',u' 于是 '] # 自定义去除
                                                      # 词库

counts = {}
for word in seg_list_exact: # 循环读出每个分词
    if len(word) == 1:  # 排除单个字符的分词结果
        continue
    elif word not in remove_words: # 如果不在去除词库中
        object_list.append(word) # 分词追加到列表


# 词频统计
word_counts = collections.Counter(object_list)
                                        # 对分词作词频统计

word_counts_top30 = word_counts.most_common(30)
                                        # 获取前 30 最高频的词
```

144

```
#print (word_counts_top30)

# 输出检查
temp =[]
for i in range(30):
temp.append(word_counts_top30[i][0])

Temp
Out:[' 曹操 ', ' 孔明 ',' 将军 ', ' 却说 ',' 玄德 ', ' 丞相 ', '
关公 ', ' 二人 ', ' 荆州 ', ' 如此 ', ' 张飞 ', ' 商议 ', ' 如何 ', '
主公 ',' 军士 ', ' 吕布 ', ' 军马 ', ' 引兵 ', ' 刘备 ', ' 次日 ', ' 大
喜 ', ' 孙权 ', ' 云长 ',' 赵云 ', ' 天下 ', ' 东吴 ', ' 今日 ', ' 不敢 ','
魏兵 ', ' 陛下 ']

with open("txt_save.txt",'w') as file:
    for i in temp:
        file.write(str(i)+' ')
print(" 保存成功 ")
def img_grearte():
    mask=imread("t10.png")
    with open("txt_save.txt","r") as file:
        txt=file.read()
    word=WordCloud(background_color="white",\
                    width=800,\
                    height=800,
                    font_path='simhei.ttf',
```

```
                    mask=mask,
                    ).generate(txt)
        word.to_file('test.png')
        print(" 词云图片已保存 ")
        plt.imshow(word)        # 使用 plt 库显示图片
        plt.axis("off")
    plt.show()
img_grearte()
```

10.3.2 运行程序

通过计算机中的"开始"按钮找到计算机中安装好的 Python 程序，单击 IDLE(Python) 启动编程窗口，如图 10-1 所示。

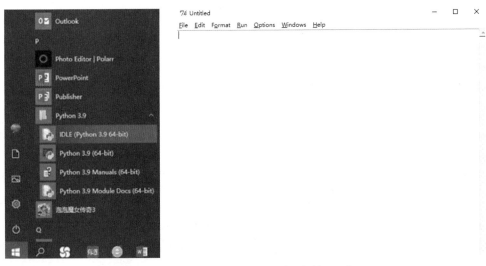

图 10-1 启动 Python 程序的编程窗口

在 Python 的编程窗口中输入 10.3.1 节中的相应代码，并选择菜单上的 Run → Run Module 命令，或直接按 F5 快捷键，完成保存文件操作后，调试运行该程序，如图 10-2 所示。

图 10-2　调试运行程序

可得到如图 10-3 所示的词句频度效果。

图 10-3　词句频度效果

10.4　拓展训练

在四大名著中，有很多关于人物关系的描述，要弄清楚小说的发展脉络和故事情节，必须要了解人物之间的关系。对小说中的人物关系进行梳理，有利于学生对小说的理解。请同学们认真研读著作，在 10.3.1 节程序代码的基础上，试着将人物关系梳理出来，并且形成人物关系网络。